CAKES IN BLOOM

手作翻糖花卉技艺

[英] Peggy Porschen 著

李双琦 译

中国轻工业出版社

前　言

当发现自己对蛋糕装饰的热爱时，我开始对手工制作的糖花着迷：没有其他装饰能像糖花一样完美地装饰蛋糕。糖花不仅看起来漂亮，还给我们提供了一种完美的协调蛋糕的方法。经常有人让我制作新娘的翻糖花束来装饰她的婚礼蛋糕，或匹配蛋糕、鲜花、餐桌装饰品。花，有一种独特的语言，就像蛋糕一样，能让人快乐。

在职业生涯早期，我无法想象能够做出逼真的糖花，直到2002年参加了一个糖花基本课程。在那里，我学会了如何用康乃馨、冬青叶和其他叶子和浆果制作有线玫瑰。这次课程为我提供了足够的材料和技术基础知识，以培养自己的技能和本领。最好的学习方法是观察真正的花，所以我常常把每一朵花分开，把花瓣一片一片地拍摄下来。市场上有许多不同的糖花模具，但当我找不到我需要的形状时，我就会从新鲜的花瓣中挑选，然后用剪刀修剪，或者即兴修剪一片玫瑰花瓣，剪成我想要的精致形状。

自此，我所做的花和花瓣的数目不计其数。可以肯定的是，熟能生巧（即使现在，也不能说我做的糖花是完美的）。无论你多么有经验，都不要停止学习。最重要的是，爱花并且在制作它们的过程中享受快乐。你可能会发现，制作翻糖花卉可以治愈心灵，因为它需要集中注意力，同时放松精神，最终的结果会给人一种巨大的成就感，更不用说会带动周围的人一起兴奋和惊奇了。

在这本书中，你会发现集结了当代的、别具一格的糖花，有线和无线、适合各种水平的读者。如果你是新手，我建议先制作简单的花，如成型的玫瑰或更小的花，可以采用玫瑰、铃兰或绣球花的设计；如果你有一定经验，并且想精进技能、提高本领，可以试着制作纽扣花、鸡蛋花或雏菊花环；如果你准备迎接新的挑战，我建议你尝试一下浪漫大丽花、英式花园玫瑰或装饰性簇花。我相信会有很多选择和新的设计，让你带着丰富的灵感去探索未来。

如果你把糖花作为一种固定的爱好，你会从中看到自己的进步，从家人和朋友的积极反馈中得到很多快乐。无论是新鲜的花朵还是糖花，都有独特的传播快乐和幸福的力量。如果你一直在做蛋糕装饰，但从来没有信心去尝试做翻糖花卉，我希望在这本书的帮助和启发下，你在蛋糕装饰时会首选糖花。

目 录

CONTENTS

春天的纽扣花 /18

紫色的三色堇 /26

鸡蛋花 /32

康乃馨花球 /38

玫瑰与铃兰 /44

雪球 /52

浪漫大丽花 /58

雏菊花环 /64

绣球花 /70

玫瑰与紫罗兰 /74

冰岛罂粟花 /82

白玫瑰 /90

欧布花瓣蛋糕 /98

香豌豆花束 /100

英式花园玫瑰 /108

大波斯菊 /118

艳丽牡丹 /124

菊花树 /132

白兰花 /138

红色银莲花 /152

复古花朵 /158

樱花 /168

山茶花 /176

花墙 /182

翻糖的基础知识
SUGAR FLOWER BASICS

翻糖花卉的基础知识

　　学习如何给翻糖花卉做造型不仅是一个令人愉快的过程，而且是一种值得自豪的技能。如果你是一个新手，可能会感觉这个过程具有挑战性，但有了充分的准备，再加上足够的耐心和实践，你会为自己的制作效果感到惊讶。

　　在后文中，将简要介绍你需要提前知道的最重要的事情。起初可用的工具种类繁多，但不需要工具列表中的所有工具。相反，列表将为你提供一个简单的概述，初学者工具包内的基本工具就可以满足需求。更完善的专业工具在需要时可以参考购买。

　　本书还有一个制作和使用糖膏的基本指南，一个经过测试的实践配方和一些解决问题所能用到的技巧。

　　在本书中，你会反复碰到大量专业术语。如果你经常在英国做糖花，很可能对它们很熟悉。如果没有，请参阅本书中218～220页，每个术语配都有图片详解。如果你是一个新手，建议先阅读本书词汇表，然后再开始做本书中的花卉。这将帮助你对制作花和使用的专业工具、技术有一个基本的了解。

基础工具

在做任何种类的糖花之前，先准备好下列物品（除了用硅胶模具或手工做成的玫瑰外）。

小号带孔弹性塑形垫——一面光滑、一面带有孔洞的造型垫。

防黏棒——可以用于擀面，一端为球形、一端为锥形的多用途翻糖防黏棒。

带有密封条的密封袋——贮存翻糖膏及翻糖花，防止其变干。

保鲜盒——用于防止花卉变干，可在超市购买。

花瓣弹性海绵垫。

翻糖调色板——同时做几朵花的时候，可以用调色板来晾干花瓣、花朵和调配颜色。

竹签——可以对花瓣边缘做整形、固定花蕾、蘸取、调配色素。

模具保存

翻糖花卉的模具很昂贵，所以希望模具能使用越久越好。金属材料的模具在潮湿环境中会生锈，这也是大部分的制造商建议用户不要用水清洗模具的原因。就我个人而言，更喜欢正确地清洗模具，因为没什么比模具弄脏了花瓣和树叶更令人讨厌的了。

护理金属模具的方法：将使用过的模具放在热肥皂水中浸泡大约30分钟，用手彻底清洗一遍，再用清水冲干净；然后将模具放在一个铺好厨房毛巾的烤盘上，放入温度约100℃的已关闭的烤箱内晾干。一段时间后，取出检查是否完全干燥。

专业工具

以下是专业工具的名称及图示

花卉和模具的量尺

防黏型花茎板

防黏的塑形弹性带孔泡沫，一面光滑，一面带有墨西哥帽孔

多孔泡沫晾花花托

小型的塑料巧克力鸡蛋架或苹果架

半球形硅胶模具，直径4厘米和6厘米

晾花盘

各种规格的泡沫蛋糕，用于干燥有线花（带有仿真金属花枝的花）

不同尺寸的纸杯蛋糕模具，用来晾干形体大的花

立体晾花架

仿真花蕾

花签

骨形塑形棒

球形塑形棒

长笛茎脉塑形棒

星形塑形棒

脉纹塑形棒

脉纹造型工具

球茎锥塑形棒

花瓣塑形棒

镊子

不同尺寸的画笔——用于在糖花、树叶和花瓣上涂色粉

不同尺寸的花瓣、叶子模具

不同尺寸的花瓣脉络、叶子脉络模具

不同尺寸的雄蕊

不同尺寸的花枝铁丝（绿色和白色）

白色、尼罗绿、棕色等不同颜色的花纸

胶布

小号的手工剪刀

钢丝剪刀

小号的调色刀

小号的厨房刀（平刃和锯齿型）

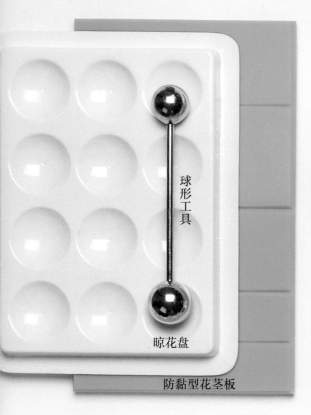

球形工具

晾花盘

防黏型花茎板

糖花塑形工具

硅胶花卉模具（菊花）

花签

食用色素笔

画笔

金属材质花瓣模具（樱花）

多孔泡沫晾花花托

雄蕊

花纸胶布

食用色粉

食用色粉

食用色膏

小号手工剪刀

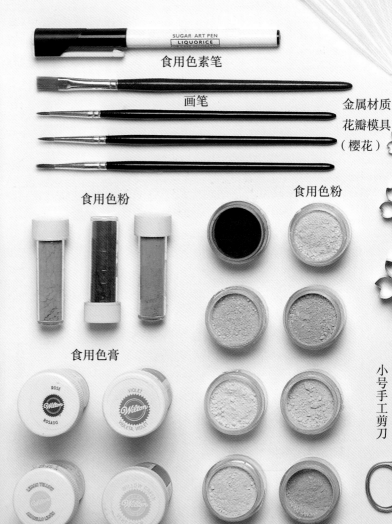

硅胶花蕾模具

泡沫球

泡沫花蕾

硅胶半球模具

子脉络模具

切压式花瓣模具
（雏菊）

花枝铁丝

瓣脉络模具
绣球花）

切压式叶子模具（玫瑰叶子）

镊子

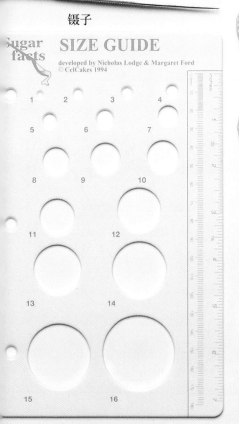

叶子脉络模具

防黏的塑形弹性带孔泡沫，一面光滑，一面带
有墨西哥帽孔

花瓣弹性海绵垫、玻璃纸或
保鲜盒

防黏型花茎板

花瓣塑形棒

防黏棒

金属材质花卉模具（牡
丹，牡丹花叶）

花卉和模具的量尺

干佩斯是一种用糖粉、鸡蛋白、硬化剂（如黄蓍胶或明胶）做成的精美糖膏。糖膏有许多不同的配方，可在网上和翻糖供应商处购买现成的翻糖膏和干佩斯。我的建议是多尝试一些，看看哪种最适合。根据经验，理想的糖膏类型取决于天气状况和所在的国家。炎热潮湿的环境经常需要更长的时间干燥糖膏，当在空调厨房内操作时，则可以很快地干燥。如果糖膏开始感觉有点硬和干，可加入少量防黏白油，使它更光滑、更柔韧。

是什么使干佩斯如此特殊，让你可以把它擀薄，制作出精美的花瓣和叶子，看起来几乎像真的？因为干佩斯干得快，它比使用糖膏需要更细心，正确的稠度，使用正确的用具是至关重要的，可以取得满意的结果。

干佩斯应该放在密封袋里，因为暴露在空气中会使它很快变干。它很容易被空气中的灰尘污染，所以在开始之前要彻底清洁你的工作区域和用具，并且在接触干佩斯之前要洗手并确保完全擦干，否则干佩斯会变得湿黏。

成　分

1千克总量
20克明胶粉
50毫升冷水
1千克糖霜（糖粉）
30克羧甲基纤维素（CMC）
25毫升液体葡萄糖
30克防黏白油
15克蛋白粉与100毫升水混合

制作方法

在碗中根据制造商的说明混合明胶粉与50毫升冷水。把碗放在热水（但不要煮沸）锅里搅拌直到明胶溶解。加入葡萄糖和防黏白油，然后继续搅拌直到所有原料融化并混合均匀。

将糖粉和羧甲基纤维素筛入搅拌桶内，低速混入蛋白粉，并用宽叶搅拌头搅拌，使最终颜色呈米色。这些材料混合均匀后，高速继续搅拌直到糖膏变白、有弹性。

在手上抹一层薄薄的防黏白油，然后把搅拌桶里的糖膏取出。拉伸糖膏，然后在表面轻轻抹上防黏白油，揉搓糖膏直到表面光滑。用密封袋包装，于室温放置一夜。这种糖膏可以保存一个月。

要点　在拉伸糖膏之前，一定要彻底揉搓，使其光滑柔韧。如果糊状物有黏性，可加入少量的防黏白油。

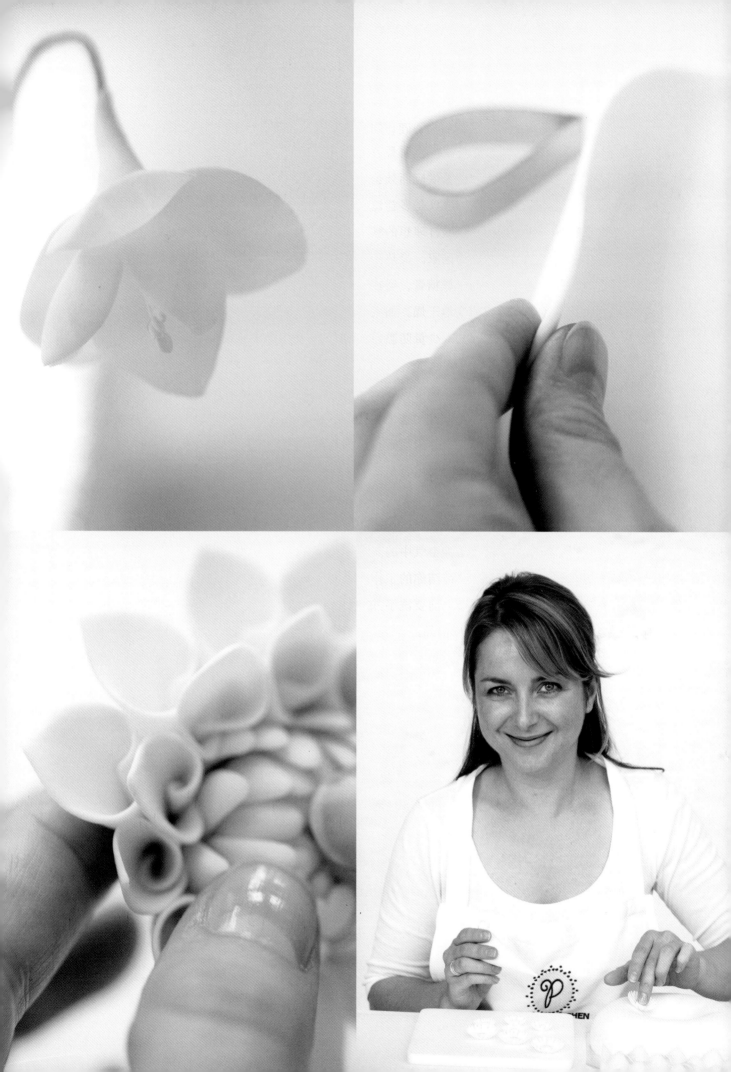

糖花造型

SUGAR FLOWER
DESIGNS

春天的纽扣花

由春天盛开的各式花卉组成，灵感来自
传统的胸花。
在单层冰淇淋蛋糕上，装饰制作色彩鲜艳
的糖花，非常适合春天的庆祝活动。

原　料

需制作1朵水仙，2朵花毛茛，2枝风信子，2朵报春花和几片叶子：

300克白色干佩斯

少量的防黏白油

食用色膏（橙色、柠檬黄色、金黄色、紫罗兰色、红葡萄酒色、云杉绿色）

食用胶水

2个白色仿真花枝铁丝

13根绿色的28号仿真花枝铁丝，每根均匀的切成4段（用于葡萄风信子）

1根白色的26号仿真花枝铁丝，切成两半（用于报春花）

1根绿色的26号仿真花枝铁丝，切成两半（用于叶子）

1根白色的24号仿真花枝铁丝（1朵水仙花只需要一半）

1根白色22号仿真花枝铁丝，切成两半（用于花毛茛）

白色的花纸胶布

尼罗绿色的花纸胶布

少量的硬性发泡的糖霜（第215～216页）与黄色食用色膏混合

约50厘米薄荷绿色缎带，5毫米宽

工　具

基础工具（第11页）

水仙花模具

小型玫瑰花瓣模具

小型玫瑰花瓣模具

报春花模具套组

小号多瓣花模具

长笛茎脉塑形棒

通用小号叶子模具

裱花袋

星形塑形棒

骨形塑形棒

球形塑形棒

叶脉纹路模具

花瓣塑形棒

镊子

小的泡沫假蛋糕

钢丝剪刀

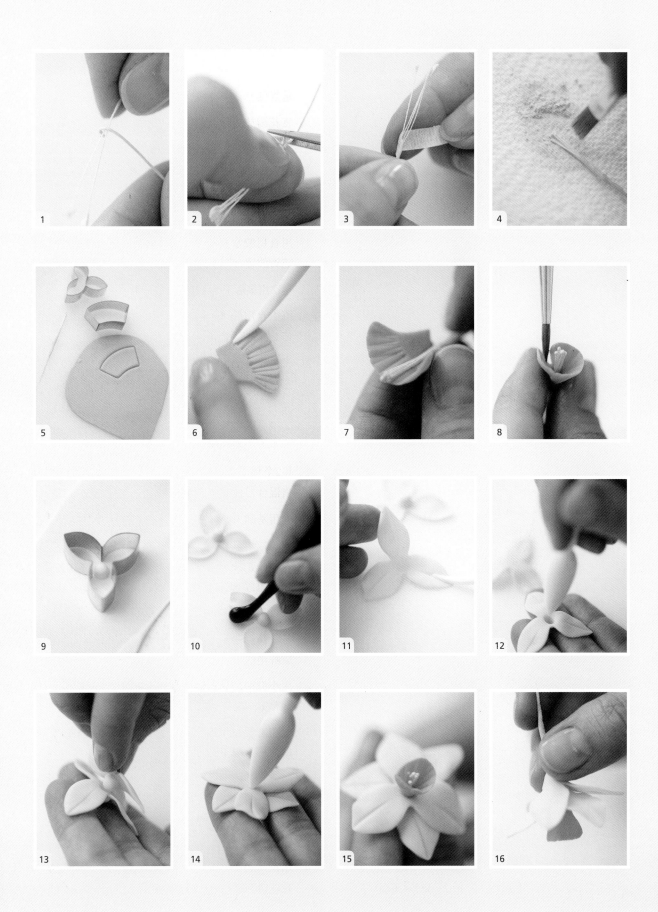

制作过程

首先你需要一个直径5厘米、高7.5厘米的蛋糕，上面覆盖着杏仁膏和白色干佩斯，并且在底部周围镶上宽15毫米薄荷绿色缎带。

制作水仙花

1 将一团榛子大小的白色干佩斯和橙色食用色素混合。

2 将核桃大小的白色干佩斯与柠檬黄色和金黄色的食用色素分别混合。

3 将调好颜色的干佩斯装入一个密封袋内静置约15分钟。

4 将24号仿真花枝铁丝用镊子的一端弯成一个小钩（图1）。

5 取2个仿真花蕊，把它们放在中间，将钩子的两端折起来，然后向上弯曲（图2）。牢固地合上钩子，将花蕊线固定到位。

6 将仿真花枝铁丝的上部和固定好的花蕊钩用白色的花纸胶布包住（图3）。

7 将花蕊大面积地涂上黄色（图4）。

8 将橙色的干佩斯擀至约1毫米厚。使用弯曲的扇形模具切出水仙的茎（图5）。

9 把它放在一个防黏型花茎板上，使用基础工具，从茎中间到边缘运行工具，压出茎的长边（图6）。这一步能使面团舒展，并给予水仙花中心褶边的效果。

10 将食用胶水刷在茎的光滑部分，并将其缠绕在花蕊下方的花蕊线上（图7）。

11 用食用胶水刷干佩斯的边缘并将它们黏在一起（图8），放置风干一夜。

12 将黄色干佩斯放在多孔不黏海绵板上擀薄，使干佩斯呈现一个凸点。

13 将花瓣模具置于干佩斯上，切出花瓣层（图9）。

14 重复做另一层花瓣。

15 将花瓣放置在海绵垫子上，用基础工具舒展并削薄花瓣的边缘（图10）。

16 将每一层翻过来，用基础工具的薄端轻压每个花瓣的中间（图11）。

17 用基础工具尖端将花心位置压出凹槽（图12）。

18 用食用胶水刷一层，然后将另一层置于顶部，使花瓣放置在第一层的两片花瓣之间（图13）。

19 再次用星形工具尖端推出中间的褶皱（图14）。

20 刷上食用胶水，将橙色的茎插入水仙花中间（图15），并将花瓣紧紧地固定在花茎上（图16）。

21 将花放置在多孔泡沫晾花花托上，放置晾干一夜。

22 一旦干了，就用尼罗绿色的花纸胶布粘住水仙的花茎。

制作花毛茛

1 将2个榛子大小的白色干佩斯与柠檬黄色食用色素混合，搓成2个球形的花芯。

2 使用基础工具在每个球的顶部制作3个环状浮雕。

3 将22号仿真花枝铁丝的末端弯曲，形成一个开放的钩子，浸入食用胶水中，并将它们推入球的底部（图17）。放置晾干一夜。

4 一旦干燥，用绿色色粉轻轻刷在球的顶部。

5 将约75克白色干佩斯和红葡萄酒色食用色素混合成鲜艳的粉红色。

6 用小型的玫瑰花瓣模具在干佩斯上切出花瓣，花毛茛第一层有6片花瓣。

7 将花瓣放在海绵垫上，用防黏棒抵在花瓣中间舒展花瓣（图18）。

8 每片花瓣的下半部分用食用胶水刷一遍，一片接一片地粘在黄色的花芯周围（图19）。花瓣应该重叠，尖端指向铁丝。要保证黄色中心的环状浮雕能被看见。

9 添加最后一片花瓣的时候，从顶层一侧掀起第一片花瓣，并将最后一片花瓣盖住。

糖花造型

10 再制作8片花瓣，重复上述步骤将花瓣放在第一层花瓣周围，但是这一次将花瓣贴在前一瓣花瓣的中线位置，使花朵开始开放。

11 将剩余的粉红色干佩斯与等量的白色干佩斯混合成淡粉色。

12 再为每朵花的下一层制作10片花瓣，重复上一层（图20）的过程，接着再制作12片花瓣。放置风干一夜。

13 等完全干燥，用绿色的花纸胶布将铁丝缠绕起来。

制作葡萄风信子

1 将约50克的白色干佩斯与紫罗兰色食用色素混合成淡紫色。

2 将淡紫色干佩斯揉成长条状，切成小块，制成直径为2毫米和3毫米的小球。对于每一朵花，你需要约10毫米×2毫米和20毫米×3毫米的球，所以制作两倍的数量，制作2朵葡萄风信子。

3 将每个球放入一个密封袋，直到被使用，以防止糖膏干燥。将每个球塑造成泪珠状（图21）。

4 将绿色28号仿真花枝铁丝的末端浸入食用胶中，将其插入第一滴泪珠的尖端，并将其推入大约一半（图22）。

5 重复制作完成剩余的泪珠。放置晾干一夜。

6 晾干后，将1个芽与3个甚至更多泪珠状小花捆绑在一起形成一层花簇，并用绿色的花纸胶布固定（图23）。

7 通过在上一层之间和下一层之间添加更多的芽来构建完整的花簇，泪珠的形状随着向下移动而变大。稍微弯曲芽，并将其放置在前一层的上方以形成葡萄形状（图24）。

8 一旦所有的芽都添加完毕，用胶布扎起来，并用钢丝剪剪去茎的末端。

9 重复以上步骤制作第二朵花。

制作报春花

1 在大中型多瓣花模具上做出少量的白色花朵。

2 使用报春花模具切出1个中等的和1个小的报春花。

3 将花朵放在一个海绵垫上，翻面。用基础工具加宽边缘，并使花瓣变薄。

4 将基础工具推入花的中心（图25）。

5 用镊子将白色26号仿真花枝铁丝的一端弯成小钩子。

6 将食用胶水刷在中心，并将仿真花枝铁丝推入中间，直到钩子浸入花中（图26）。

7 捏一点糖膏覆盖在花中心点的铁丝上，用来创造一个长长的冠筒。

8 把花朵悬在泡沫蛋糕身上。放置晾干一夜。

9 一旦干燥，用绿色色粉轻轻地刷中心（图27）。

10 把黄色蛋白糖霜装到纸裱花袋中，在报春花的中间点很多小点，用来覆盖小钩（图28）。

11 在每一朵报春花的周围用绿色花纸胶布缠绕铁丝。

制作叶子

1 将少量白色干佩斯与云杉绿色色素混合成淡绿色。

2 将淡绿色糖膏在不黏垫上擀到直到约1毫米厚。

3 将糖膏翻面，用美工刀从底部开始沿着叶脉的粗端切出2个叶片形状，并将叶脉的较薄部分穿过顶部（图29）。

4 用基础工具对叶子的边缘进行舒展（图30）。

5 将绿色26号仿真花枝铁丝的末端浸入食用胶中，并将其中一根插入叶脉的底部三分之一。

6 使用叶子脉纹络模具给每片叶子压出纹路（图31）。

7 用手指捏住叶尖（图32），然后把它们放在一个穿孔的海绵垫上，放置风干一夜。

8 干燥后，用尼罗河绿色的花纸胶布将其缠绕在铁丝上。

装配蛋糕

把金属丝捆在一起，做成一束，用薄荷绿丝带扎好，小心地放在蛋糕上面即可。

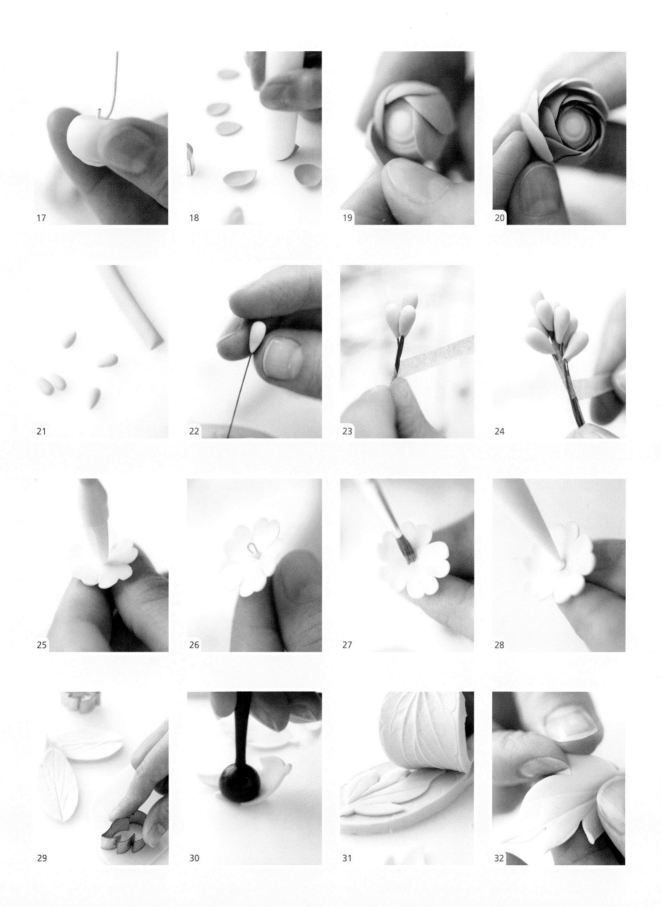

糖花造型

紫色的三色堇

巧克力与三色堇是不可思议的风味组合。这些美味的美食灵感是由伦敦贝尔格莱维亚的花卉橱窗所激发的。每块微型蛋糕装饰一朵精致的淡紫色三色堇。

原　料

制作12个带紫色三色堇的蛋糕：

30厘米大小的方形巧克力蛋糕

400克甜奶油酱

三色堇香精

约250克白色干佩斯

食用色膏（紫色）

手工色粉（群青色）

食用色粉（深蓝色、黑色、淡黄色）

少量的防黏白油

少量的伏特加

玉米淀粉

工　具

基础工具（第11页）

大号三色堇花瓣模具

裱花袋

直径1.5厘米的防黏棒

花瓣塑形棒

脉纹塑形棒

晾花盘

最细的画笔

制作过程

首先将巧克力蛋糕切成24块，直径均为5厘米。

1　将白色干佩斯与紫色食用色膏混合成淡紫色。如果感觉糖膏黏稠，加入少量防黏白油并均匀揉搓在一起，直到糖膏变得光滑柔软。放置在密封袋内，防止它变干。

2　将淡紫色糖膏擀薄，直到厚约1毫米，并切出一些花瓣形状（图1）。每朵三色堇需要2片小的和2片大的泪滴形花瓣和1片大的花瓣。每个蛋糕需要1朵三色堇，共12朵。

3　将第一片三色堇形状的花瓣放在海绵垫上（其余的干佩斯铺开，用玻璃纸覆盖，以防止其变干）。

4　为了使花瓣略微卷曲，使用防黏棒（图2）将它们做成球状。

5　用花瓣塑形棒滚动花瓣，塑形棒的末端始终指向花瓣的最薄部分（图3）。使用合适的压力压出花瓣脉络。

6　在泡沫垫上撒上薄薄一层玉米淀粉。将花瓣放在板上，用基础工具做出褶皱（图4）装饰边缘。

7　组装花朵时，用少量食用胶水（图5）刷一片大泪滴形花瓣的右侧，并将另一片大泪滴形花瓣紧贴在它旁边，稍微重叠。

8　用少量食用胶水刷两个花瓣的底边，并附上2片较小的泪滴形花瓣，与大花瓣略微重叠（图6）。

9　将最大花瓣狭窄的一端捏出一个尖端（图7），用食用胶水刷三色堇的中间部分，用画笔的尾部按压花瓣，使其位于4片泪珠花瓣中心（图8）。

10　将一朵三色堇花放入花瓣固定泡沫垫的凹槽内（图9）。重复制作其余的三色堇。静置过夜干燥。

11　一旦花瓣已经干燥，用深蓝色色粉对三色堇的外边缘进行上色（图10）。

12　用淡黄色色粉点缀三色堇中心（图11）。

13　将黑色色粉与一滴伏特加酒混合，形成一层厚厚的"油漆"，并用画笔沿着每片花瓣从中心向外画线（图12）。

14　将甜奶油酱与适量的紫色色素混合，加入少许的三色堇香精。

15　像作三明治一样，将2层巧克力蛋糕层中间抹一层甜奶油酱。再在蛋糕外抹上剩余奶油，在中间放一朵三色堇花。

16　重复制作完成剩下的蛋糕。

糖花造型

鸡蛋花

没有什么能比暖黄色花芯的鸡蛋花更能代表热带风情的了，其因甜美的香味和纯粹的美而颇受大家喜爱。浅蓝色和白色条纹的单层蛋糕上的糖花看起来美妙绝伦。

原　料

制作3大朵，2中朵和2小朵鸡蛋花：
300克白色干佩斯
少量防黏白油
食用色膏（蓝绿色）
食用色粉（淡黄色和橘黄色）
食用胶水
少量硬性发泡蛋白糖霜（第215~216页）

工　具

基础工具（第11页）
鸡蛋花花瓣模具
球形塑形棒
小号纸杯蛋糕纸托
裱花袋

制作过程

首先你需要一个直径10厘米，高10厘米，覆有杏仁膏和白色糖皮的蛋糕。趁糖皮柔软时，用刀背在蛋糕边缘浮雕印出2.5厘米的水平线。糖霜成形后，用浅蓝色色素在蛋糕上画出条纹。当着色干燥后，将蛋糕放置在直径15厘米、覆有白色糖皮的底座上，将15毫米宽的浅蓝色缎带绑在边缘。

1　将白色干佩斯擀平至2毫米厚。用鸡蛋花花瓣模具切出每朵花的5片花瓣，每朵花需要使用相同大小的花瓣模具（图1）。

2　将花瓣放在海绵垫上，用球形塑形棒在花瓣中心推压塑形（图2）。边缘应当保持原有厚度，花瓣中心应当呈杯状的弧形。

3　在一片花瓣的右侧涂上食用胶水，将另一片花瓣放在顶部，在其三分之一处重叠（图3）。

4　继续制作完余下的花瓣，使其呈扇形（图4）。所有的花瓣底部都应在黏合在一起。

5　将花瓣底部连接出置于防黏棒的尖头处，将扇形花瓣擀成锥形（图5）。

6　将花瓣底部捏在一起，使其张开呈花朵状（图6）。

7　切除底部多余的干佩斯（图7），置于小号纸杯蛋糕纸托上（图8）。

8　余下的鸡蛋花也这样重复操作。放置过夜至晾干。

9　晾干后，用淡黄色色粉在花朵中心着色，从中心至花瓣的一半处。将少量淡黄色色粉和橘黄色色粉混合，在花朵中心处着色以赋予其温暖的橘黄色（图9）。

保持花朵的色泽

用水蒸气蒸花朵3s使固定着色，赋予其绸缎状光泽。

装饰蛋糕

将蛋白糖霜置于裱花袋中，用糖霜将鸡蛋花黏贴在蛋糕顶部。

康乃馨花球

这些独特的设计灵感来源于夏季婚礼上伴娘优雅的捧花花球。稠密地使用康乃馨进行装饰，使其成为令人惊叹的装饰。

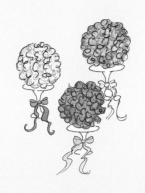

原　料

制作每个蛋糕需40朵康乃馨：

大约2.4千克白色干佩斯

少量防黏白油

食用色膏（柠檬黄、金黄色、桃色、橘黄色、特浓红色）

食用色粉（杏色、粉色和康乃馨玫瑰色）

食用胶水

150克硬性发泡蛋白糖霜（第215～216页）

玉米淀粉

工　具

基础工具（第11页）

小型和中型康乃馨模具（25～35毫米）

防黏擀面杖

花瓣塑形棒

晾花架（或多孔泡沫晾花花托）

3个裱花袋

制作方法

首先你需要3个在球形蛋糕模具中烘烤的蛋糕。每个蛋糕分别覆有杏仁膏和黄色、桃色或珊瑚红色的干佩斯。

将干佩斯分为3等份，1份混合柠檬黄和金黄色食用色素，1份混合橘黄色和特浓红色以达到一种珊瑚红色效果，1份混合桃色。如果糖膏过于黏，可以加入少量防黏白油。

将糖膏置于密封袋中，放置至少15分钟。

制作康乃馨

1. 每朵康乃馨由2层小型花瓣层和1层中型花瓣层构成。需要40朵黄色康乃馨，40朵桃色康乃馨，40朵珊瑚红色康乃馨，将一部分花膏擀至1毫米厚。

2. 用小型康乃馨模具切出一片康乃馨花瓣。（图1）用手指清理花瓣边缘以保证边缘光滑（图2），将花瓣层置于多孔泡沫晾花花托，筛上少量玉米淀粉。

3. 使用花瓣塑形棒对花瓣整形（图3）。

4. 将花瓣塑形棒的圆头推入花瓣层的中心（图4），摁压褶皱以塑形呈花朵状（图5）。将花朵置于晾花架上（图6），放置干燥几小时。

5. 重复以上步骤以制作剩余的康乃馨。

6. 干燥后，重复这一过程一直做下一花瓣层，使用相同大小的康乃馨切模和同色花膏。

7. 褶皱塑形后，在康乃馨花瓣层的中心刷上食用胶水，将第一层花瓣黏贴在顶部。（图7和图8）

8. 将康乃馨置于晾花架上，放至干燥。重复以上步骤以完成剩余的康乃馨。

9. 使用中型康乃馨模具重复以上步骤，以完成最后一层花瓣层的制作。

10. 放置过夜。

上色

将黄色和桃色康乃馨的边缘刷上混合杏色和粉色的色粉（图9），珊瑚红色康乃馨的边缘刷上康乃馨玫瑰色色粉。

保持花朵的色泽

用蒸汽蒸制每朵康乃馨大约3秒以固定着色，并赋予其绸缎般的光泽。

装饰蛋糕

将球形蛋糕置于蛋糕架或盘中。将蛋白糖霜分为3份，并将每份糖霜混合相应的色素以搭配蛋糕的糖霜。

在康乃馨背部挤上少量的蛋白糖霜，将相同颜色的花朵黏贴在同一个蛋糕上，从底部向上黏贴。尽可能保证每朵康乃馨之间的距离相同，以避免过大的空隙。如果发现了空隙，可以制作少量的小花朵黏贴在空隙处以遮盖。

玫瑰与铃兰

玫瑰集爱与美于一身，既是美神的化身，又融入了爱神的血液。铃兰则祝福新人纯洁幸福的到来，形似小钟的花型，令人联想到唤起幸福的小铃铛。将两者的完美结合寓意着爱情的纯洁与婚姻的幸福美满。

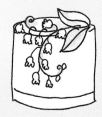

原　料

制作1个单层蛋糕以及3个迷你蛋糕：
500克白色的干佩斯
300克白色翻糖膏
食用色膏（紫红色、苔绿色）
防黏白油
150克蛋白糖霜（第215～216页）

工　具

基础工具（第11页）
大号和小号铃兰模具
中号和小号玫瑰叶子模具
通用叶子模具（15毫米×35毫米）
玫瑰花瓣纹路压模
长笛茎脉塑形棒
最小号球形塑形棒
剪刀
玻璃纸（任何办公用品商城）
2个裱花袋

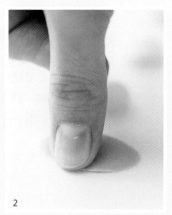

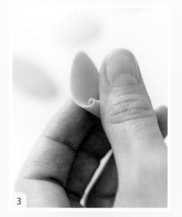

首先你需要准备一个直径为20厘米、高为10厘米的圆蛋糕。均匀涂抹上杏仁膏，包裹上白色糖皮，并系上宽为15毫米的粉色缎带。直径为25厘米的蛋糕底座包裹上白色糖皮，并系上宽为15毫米的粉色缎带。

还需要准备三个迷你蛋糕，直径为5厘米、高为5厘米。均匀涂抹上杏仁膏，包裹上由白色、浅粉色、开心果绿色混合而成的糖皮。

需要制作8个大号花蕾、6个中号花蕾、6个小号花蕾、6组玫瑰花瓣、6片中号玫瑰叶子、6片小号玫瑰叶子、100朵大号铃兰花、65朵小号铃兰花和20片叶子。

制作玫瑰及花蕾

1 取500克白色干佩斯揉至表面光亮，触感柔软。如果感觉糖膏过硬可加入适当的防黏白油。

2 取步骤1中的250克白色干佩斯与适量的紫红色食用色素混合均匀，调制出浅粉色干佩斯。剩余的250克干佩斯分成两份分别与适量的紫红色食用色素混合，调制出深粉色干佩斯与粉色干佩斯。然后包裹上保鲜膜，静置30分钟。

3 将一大张玻璃纸对折并剪裁，在玻璃纸的内面涂上一层薄薄的防黏白油。

制作花蕾

1 制作一个中等的花蕾需要将粉色干佩斯分出3个榛子粒大小的小球作为花瓣，将深粉色干佩斯分出一个椭圆球作为玫瑰花芯。将这些小球均匀放在玻璃纸上，每个间距25厘米。然后将另外半张玻璃纸盖上去，用手掌轻压防止面团滚动（图1）。

2 使用大拇指对花瓣小球进行圆周式的碾压，直到2～3毫米的厚度（图2）。

3 将玻璃纸上的褶皱面拉平，干佩斯的边缘薄而锋利，而其余部分则需要保持一定厚度。这种形状影响着花瓣的形态。

4 重复上述图对剩余的花瓣小球进行加工。

5 以同样的手法将椭圆形的花芯小球进行加工，但仍需保持椭圆的形状。然后取出一片椭圆形花瓣，将其卷出螺旋纹，其中一端口需要有薄边（图3）。

6 取一片圆形花瓣，包裹前一片花瓣（图4），需要注意的是，这一瓣花瓣的高度需要比中心的顶部高出约1毫米。

7 接着从左侧开始拼接花瓣，收口放置在右侧，然后再拼接下一个（图5）。

8 将最外圈花瓣的边缘略微卷起，而顶端捏成小尖端。

9 重复操作完成剩余的5朵中号花蕾和6朵小号花蕾。

制作大号玫瑰

1 共需要制作8朵大号玫瑰，花蕾部分与上文中的操作步骤一致，最外层需要制作4片淡粉色的花瓣。这些花瓣都需要略大于前一层的花瓣（图6）。

2 花瓣拼接的方式与上文一致，但高度需比前一层高3毫米，并且均匀地相互连接（图7）。

3 将最右侧的花瓣与玫瑰花蕾紧紧黏合，并捏住底部使玫瑰的底部成为圆形。

4 将最外圈花瓣的边缘略微卷起，并将顶端捏成小尖端（图8）。将底部收紧后，把玫瑰放置在一旁（图9）。

糖花造型

5 重复以上操作完成剩余7朵玫瑰花的制作。

制作玫瑰花瓣

1 使用剩下的淡粉色干佩斯制作花瓣，分出6团比榛子粒略小的小球。按上文中操作方法进行操作。

2 在底部较厚的区域黏上花瓣，然后轻轻地捏较薄的花瓣顶部边缘。然后将花晾干1小时。

制作铃兰

1 白色干佩斯混合少量的防黏白油揉至光亮、柔软。

2 将干佩斯擀至1毫米的厚度，选用大小合适的铃兰模具（图10）。整花的大小需要正好整形成一个铃铛。刻下的花朵放在海绵垫上。

3 选用球形塑形棒，围绕花芯让花瓣上翘，形成一个帽子（图11）。

4 把花打开，把帽子挖空（图12）。

5 重复上述步骤，制作100个大铃兰和65个小铃兰，然后放在海绵垫上晾干（图13）。

制作叶子

1 将剩下的白色干佩斯和适量的苔绿色色素混合，调制出亮绿色干佩斯。然后擀至1毫米的厚度（图14）。

2 选择适度大小的玫瑰叶子模具，刻出6片中号叶子和6片小号叶子，然后用压出叶子的主茎脉。

3 完成后，将叶子放置在凹槽海绵垫上，晾干定型。

4 将剩下的绿色干佩斯擀薄，选用多用途通用叶子模具，刻出20片叶子（图15）。10片叶尖偏左、

10片叶尖偏右。

5 刻下来的叶子放在海绵垫上，选用长笛茎脉塑形棒，在叶子的中线上压出凹槽线（图16）。

6 完成上一步骤后，将叶子放置在多孔泡沫晾花花托上，晾干定型（图17）。

装饰蛋糕

1 取一半的蛋白糖霜与绿色食用色膏混合调配，颜色需与叶子的颜色一致。如果蛋白糖霜过厚，可加入少量的水稀释，然后装入裱花袋中。

2 将剩下的白色蛋白糖霜装入裱花袋中，接下来的步骤需要有足够的细心。将大蛋糕的顶部划分成6个区域，并略微倾斜，使用绿色的糖霜画出弯的花茎（图18）。

3 可以自由改变花茎的大小和形状，让整体看起来更自然。

4 使用白色糖霜，将一片大号玫瑰花叶子和玫瑰花蕾连接在一起（图19和图20）。

5 把通用叶子黏在茎的顶端，然后把花的叶子排列好，铃兰从顶部由大到小放置排列（图21）。

装饰迷你玫瑰蛋糕

在蛋糕顶部裱一些糖霜，然后放上玫瑰花和两片叶子，在蛋糕侧面布置一些花瓣。

装饰迷你铃兰蛋糕

在蛋糕顶部的一侧黏上两片叶子，在蛋糕一侧围上铃兰花（与大蛋糕铃兰花布置的方式一致）。

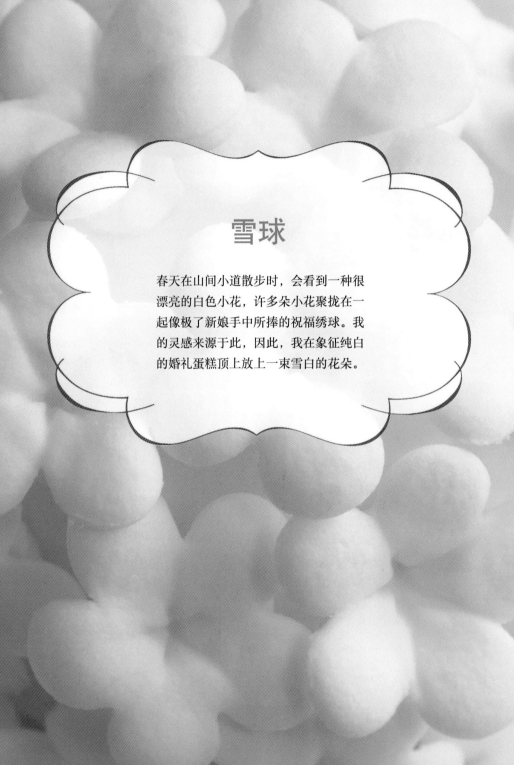

雪球

春天在山间小道散步时，会看到一种很漂亮的白色小花，许多朵小花聚拢在一起像极了新娘手中所捧的祝福绣球。我的灵感来源于此，因此，我在象征纯白的婚礼蛋糕顶上放上一束雪白的花朵。

原　料

制作三朵雪球及其叶子：
150克白色干佩斯
100克白色翻糖膏
少量防黏白油
适量的食用色膏（云杉绿）
食用胶
50克蛋白糖霜（第215～216页）

工　具

基础工具（第11页）
小号5瓣花模具（3/12毫米）
小号多用途通用叶子模具（15毫米×35毫米，套组中的第5号）
百合叶子纹路模具
骨形塑形棒
星形塑形棒
裱花袋

1 需要准备三个直径为5厘米、高度为5厘米的小蛋糕。然后在这三个小蛋糕表面均匀涂抹杏仁膏，再用白色糖皮包裹蛋糕。系上1.5厘米宽的缎带。

2 称三团重量相近的干佩斯（每一团约为30克），并揉圆，制作成光滑的圆球。

3 将圆球放置于蛋糕的顶端，并使用食用胶将其固定（图1）。

4 将干佩斯揉搓至光滑柔软，如果感觉糖膏过分柔软并且黏手，可以添加少量防黏白油。

5 将适量干佩斯放在翻糖垫上，将这部分干佩斯擀成大约0.1厘米的厚度。

6 使用小号多用途通用叶子模具，在擀好的糖膏上盖上花型。

7 将小花放在海绵垫上，用小号球形塑形棒将每一片花瓣按平（图2）。

8 使用星形塑形棒由花芯的中心由上向下，使整形刀的棱角与花瓣产生挤压，形成纹路。基础工具可沾少量玉米淀粉，避免与糖膏产生沾黏（图3）。

9 每个蛋糕顶部小球需要30朵小花，制作好后，需要放置几个小时，让小花定型。

10 取少量白色干佩斯与少量云杉绿色素混合，做成淡绿色。

11 将好颜色的干佩斯擀至0.1厘米的厚度，选用多用途通用叶子模具刻出所需要的叶子。每个雪球需要2片叶子，总共6片（图4）。

12 将刻好的叶子放在叶子纹路模具上，盖上模具轻压，使叶子上产生纹路（图5）。然后把叶子放置在多孔泡沫晾花花托上几个小时，让叶子晾干定型（图6）。

13 使用蛋白糖霜将叶子黏在雪球的底部（图7）。

14 从每个雪球的底部开始使用蛋白糖霜黏上一圈小花（图8），然后慢慢黏贴小花直至覆盖整个雪球（图9）。

糖花造型

浪漫大丽花

三朵华丽而不失精致的大丽花，盛开在
简约卡布奇诺底色的爽口蛋糕上。画面
充满现代感又不缺浪漫的气息。

原　料

制作两朵较大的大丽花和一朵中等大小的大丽花：

600克干佩斯

少量的防黏白油

食用色膏（暗粉色、象牙白）

食用色粉（暗粉色、香槟色）

蛋白糖霜（第215～216页）

食用胶

工　具

基础工具（第11页）

中号大野菊模具

玫瑰花瓣模具

硅胶花蕾模具

大丽花花瓣纹路模具

长笛茎脉塑形棒

仿真泡沫蛋糕

制作过程

制作这款翻糖蛋糕之前，需要准备两个方形的仿真泡沫蛋糕：

顶部的小蛋糕尺寸为：15厘米（长、宽）×12.5厘米（高）。

底部的大蛋糕尺寸为：20厘米（长、宽）×12.5厘米（高）。

还需要配一个25厘米（长、宽）正方形的蛋糕底座。

两个蛋糕分别涂上杏仁膏并包裹上咖啡色翻糖膏（使用黑棕色与象牙白两种色素调制咖啡色）。并把小蛋糕放置在大蛋糕的中心位置顶部。在两层蛋糕的底部分别系上玫瑰金色缎带。

取一部分白色干佩斯，使用暗粉色色素进行调制。另取一部分色干佩斯，使用象牙白色色素进行调制。色泽调制完成后，将两种糖膏放入两个不同的隔绝袋中，避免空气使其表面风干。

制作花芯

1 取少量暗粉色的干佩斯，分3份（每份约5克）并揉搓成小球，然后将小球放在适当大小的花蕾模具上。
2 将牙签的一端蘸一点食用胶并戳入小球中，使小球与牙签贴合稳固（图1）。同样方式制作另外两个球。并需要晾一个晚上。

制作花蕾

1 取一部分暗粉色的糖膏，擀至0.1厘米的厚度。使用大野菊模具，压出花型（图2）。
2 将大野菊花放在海绵垫上，使用长笛茎脉塑形棒把每片花瓣从边缘向花芯碾压，使花瓣稍微卷起来（图3）。
3 在小花表面刷上薄薄的一层食用胶，将带有牙签的花芯小球，由花朵的中心点穿过、固定（图4）。
4 将花瓣交替黏在花芯上（图5）。使用同样的方法将花瓣折叠起来。
5 重复图2～5的步骤，在每朵花的中心再加2层花瓣。并使每一层花瓣干燥2小时左右。

制作大花瓣

1 调制浅粉色的糖膏，并擀至0.1厘米的厚度。使用玫瑰花瓣模具，刻出需要使用的花瓣，放置在海绵垫上。
2 用球形塑形棒将花瓣的边缘碾薄一点，并轻轻伸展花瓣尖（图7）。
3 使用大丽花花瓣纹路模具，对图7中的花瓣进行进一步美化，让花瓣表面产生纹路（图8）。
4 将每一片花瓣的底部卷成一个小卷，捏紧花瓣端部，轻轻卷起（图9）。
5 重复图7～图9的制作过程，做12～14瓣花瓣作为第一层花瓣圈。
6 用手指将每一片花瓣的根部压薄一些，然后刷上食用胶。
7 将花瓣黏在花蕾上（图6），并轻压花瓣根部与花蕾的黏合处，使花瓣均匀贴在花蕾周围（图10），还需要保持花瓣与花蕾的水平高度一致。让其干燥一段时间，才可以进行下一花瓣层的操作。
8 第二层的花瓣需要黏在前一层两瓣花瓣的中间空隙处，产生叠层感（图11）。
9 重复以上的步骤，完成本蛋糕所需要的三朵大丽花的制作。完成制作后，让花干燥一个晚上。

保持花朵的色泽

将每朵大丽花利用蒸汽蒸2～3秒钟，可以使其色泽更加自然，更显真实。

装饰花朵

长时间暴露在空气中会使花整体的颜色会慢慢变浅，所以我们可以在花瓣和花蕾部分刷上色粉以保持色泽。花瓣部分可以使用食用银粉，花蕾部分可以使用食用香槟金粉（图12）。

如何将翻糖花装饰在蛋糕上

在每一朵花的背面涂上糖霜，然后把每朵花后面的牙签推进蛋糕里，以固定花朵。

雏菊花环

适用于宝宝生日或是春季的节日中，充满阳光和正能量的花环将成为焦点。雏菊翻糖花是新鲜和现代的代名词。

原　料

制作15朵大雏菊、15朵中等雏菊、20朵小雏菊、
10片小叶子以及20片大叶子：
500克白色干佩斯
少量防黏白油
食用色膏（柠檬黄、苔绿）
食用色粉（苔绿）
玉米淀粉
食用胶
蛋白糖霜（第215～216页）

工　具

基础工具（第11页）
第三号雏菊模具
硅胶花蕾模具
小号、中号通用叶子模具
百合叶子纹路模具
球形塑形棒
长笛茎脉塑形棒
半球形硅胶模具（4厘米）
裱花袋

制作过程

首先你需要准备一个直径为23厘米的用花圈模具烤制的磅蛋糕或者海绵蛋糕，涂上杏仁糖膏，表面包裹上翻糖膏。放在蛋糕架上准备装饰。

制作雏菊

1 将干佩斯揉软，并擀薄（大约0.1厘米厚），敷上玻璃纸备用。

2 使用第三号雏菊模具压出花模时，因为花瓣非常薄，脱模的时候需要非常小心。在压制下一朵花前，需要将模具边缘清理干净，避免有干佩斯附着在模具上。

3 选用第三号的雏菊模具，制作一部分雏菊（图1）。

4 将雏菊放置在海绵垫上，用球形塑形棒抵住花芯并压平（图2）。

5 将雏菊放在海绵垫上，使用长笛茎脉塑形棒，把每片花瓣从边缘向花芯碾压，使花瓣稍微卷起来（图3）。

6 将半球形硅胶模具撒上薄薄一层玉米淀粉，然后将刻好的雏菊放在半球模具的中心。

7 将食用胶水刷在第一朵雏菊中心点，然后将第二朵雏菊放在上面，注意上下层花瓣交错放置（图4）。如果有需要，可以用塑形棒将花瓣均匀的隔开。

8 重复以上步骤，制作剩下的雏菊并晾干一晚上。

9 使用柠檬黄食用色膏做出一份浅黄色的干佩斯，

并做30个直径0.7厘米的小球和20个直径0.5厘米的小球。

10 将两个尺寸的小球分别放入合适的硅胶花蕾模具中（图5）。

11 当雏菊的形状固定且干燥时，使用绿色的色粉，刷在雏菊的中心和花瓣的底部（图6）。

12 将食用胶水刷在雏菊的中心，并把黄色的花芯小球黏在上面。需要注意，大的雏菊配大的花芯球，小的雏菊配小的花芯球（图7）。

制作叶子

1 先准备部分干佩斯及食用色膏（苔绿），完成浅绿色的干佩斯制作。并将干佩斯擀薄（0.1厘米厚），以便制作15片中型叶子以及15片小型叶子。

2 将刻好的叶子放在海绵垫上，用球形塑形棒将叶子边缘碾薄（图8）。

3 将叶子按在叶子纹路模具上，按出纹路（图9）。

4 用指尖略微对叶子尖部进行整修（图10），然后将叶子放在多孔泡沫晾花花托上晾干（图11）。

装饰蛋糕过程

1 将蛋白糖霜装在裱花袋中，在每一朵雏菊背面裱上一小团，然后黏在蛋糕上（图12）。

2 将大雏菊分散地黏在蛋糕顶部，然后用小雏菊填充内部的空隙，并向外沿覆盖。

3 在雏菊的空隙之间，黏上浅绿色的叶子作为点缀。

绣球花

一款适合出现在婚礼现场的五层翻糖绣
球花蛋糕。想达到如此逼真的效果，秘
诀就在于花瓣干燥后沿着花瓣边缘刷上
色粉的过程。

原　料

制作约150朵绣球花：

600克白色干佩斯

防黏白油

玉米淀粉

食用色膏（暗红色、深蓝色）

食用色粉（粉色、天蓝色）

150克蛋白糖霜（第215～216页）

工　具

基础工具（第11页）

绣球花模具

绣球花花纹模具

3个裱花袋

直径12厘米的泡沫球，外表包裹上翻糖膏

白色陶瓷迷你杯子蛋糕底托

制作过程

1 首先你需要一个四层的多层蛋糕架，分别由直径10厘米、15厘米、20厘米以及25厘米四个尺寸组成，并且高度都为12.5厘米。将每一层蛋糕均匀涂上杏仁膏，并覆盖上翻糖膏。蛋糕架下还需要准备一个直径为35厘米的架子，并在边缘装饰宽为1.5厘米的兰花色缎带。

2 将一半的干佩斯和暗红色食用色膏混合调成淡粉色，另一半与深蓝混合调成蓝色。用密封袋包裹，防止干佩斯变干。

3 将一部分淡粉的干佩斯擀至0.1厘米厚。

4 使用绣球花模具，制作出几十朵绣球花（图1），然后使用花纹模具压制花纹（图2）。用手指略微修整花瓣尖，而后放在多孔泡沫晾花花托上，晾一个晚上。

5 蓝色的绣球花运用同样的图进行制作。

6 当花瓣干透，在每朵绣球花的边缘涂上色粉（图3）。粉色的花瓣边缘涂上天蓝色的色粉，浅蓝色的花瓣边缘涂上粉色的色粉。通过色彩的差异使整体产生阴影带来视觉冲击。

7 将50克蛋白糖霜中加入少量暗红色食用色素混合成非常淡的粉红色，另50克蛋白糖霜中加入少量的深蓝色食用色素将其混合成非常淡的蓝色，并向两份蛋白糖霜中加入少量水，稀释蛋白糖霜。

8 将两种蛋白糖霜分别装进两个裱花袋，然后再相对应颜色的绣球花中心点标出一个小点（图4）。

9 将剩下的蛋白糖霜装进裱花袋中，裱在翻糖泡沫球的一端，并黏在蛋糕架上。

10 使用白色的蛋白糖霜，将绣球花黏在圆球上，直至完全覆盖圆球表面。

11 将剩下的绣球花随意地黏在蛋糕上，就像花瓣自然飘落一样。

玫瑰与紫罗兰

这款可爱的杯子翻糖蛋糕设计灵感，来
源于历史悠久的中国茶杯。由不同颜
色、不同品种的花卉在蛋糕上构建出一
幅美丽的画面。

原 料

制作2朵大玫瑰花，3朵玫瑰花蕾，18朵紫罗兰以及9朵白色小花：

150克白色干佩斯

100克白色翻糖膏

防黏白油

食用色膏（暗红、紫罗兰、柠檬黄、苔绿）

食用色粉（黑色）

1汤匙蛋白糖霜

3个纸杯蛋糕（第199页）

100克柠檬奶油霜（第202页）

工 具

基础工具（第11页）

小号紫罗兰模具

小号五瓣花模具

球形塑形棒

花瓣塑形棒

剪刀

小号抹刀

玻璃纸

2个裱花袋

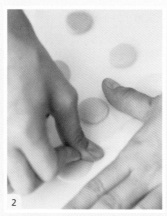

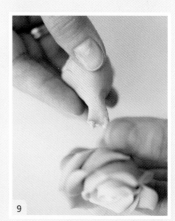

制作过程

需要先准备3个纸杯蛋糕（第76页），同时还需要制作6朵大玫瑰花、18朵花蕾、60朵紫罗兰、36朵白色小花。

制作玫瑰花及玫瑰花蕾

1 将100克白色干佩斯与100克白色翻糖膏混合，揉至光滑不黏，用于制作玫瑰。如果感觉湿、黏，可加少量防黏白油。

2 使用一半干佩斯与暗红色食用色膏混合成深粉色，四分之一干佩斯做成中等粉色，剩余干佩斯做成浅粉色。

3 使用密封袋包裹干佩斯30分钟，备用。

4 用剪刀将打孔的边缘从塑料套上切掉，然后用植物油脂薄薄地擦洗里面。

5 做一朵大号玫瑰花需要5粒榛子大小的深粉色干佩斯小球、3粒榛子大小的中等粉色干佩斯小球、2粒略小的淡粉色干佩斯小球以及一枚椭圆形的仿圆锥体干佩斯（玫瑰花芯），将它们均匀放在裁剪好的玻璃纸的一侧，每个小球间距25厘米（图1）。

6 将玻璃纸两端对折，用手掌稍微压一下每一团干佩斯，以防止它们滚动。

7 用拇指碾压小球做圆周运动使其变成花瓣，每个面团压至0.2～0.3厘米厚（图2）。

8 面团需要覆盖玻璃纸，保持面团的一定湿度很重要。如果还未制作的面团表面过干，就不易进行制作了。

9 重复以上步骤，制作剩余花瓣。

10 用同样的办法将椭圆形的面团压平，但要保持其椭圆的形状。

11 从玻璃之中取出花瓣，将椭圆形的花瓣卷成螺旋状，顶端略微分离能看出薄边即可（图3）。

12 将淡粉色的花瓣贴在花芯（图3）的螺旋开放的一侧，并要使它的高度略高于中心的水平高度。把面团往左折，然后盖在另一片淡粉色花瓣上。

13 将花瓣从右侧闭合，轻轻捏住底部，使其底部形成一个芽状。

14 在淡粉色的花瓣接合处黏上中等粉色的花瓣，同时高度不要高于淡粉色的花瓣。

15 将花瓣由左向右折叠，依次完成。将剩下的几片花瓣整齐地黏在慢慢成形的花蕾上，同时还要保持花瓣在同一水平高度。（图4和图5）。

16 将上一步的花瓣边缘略微弯曲整形，使之看上去更为自然。

17 将剩下的5片深粉色花瓣依照上述手法进行整形（图6和图7）。

18 对玫瑰花底部进行整形处理，摘除黏在底部多余的面团（图8和图9）。

19 重复以上步骤，完成剩余5朵玫瑰花的制作。

制作深粉色玫瑰

1 每一朵小玫瑰花蕾，需要1个椭圆形的花瓣和3个榛子大小的小球。

2 然后将干佩斯小球制作成花瓣（图2）。

3 继续使用大玫瑰花的操作手法来制作玫瑰花蕾，使用3片花瓣而不是2片。

制作白色小花

1 揉捏干佩斯进行揉捏，直到它变得柔软、柔韧。

2 使用五瓣花模具，切出所需要的36朵小白花。

3 将小花移到多孔不黏海绵板上，将花翻过来，将锥形工具的尖端抵住花的中心，轻推按出一个凹槽型。

4 使用小号的球形塑形棒对花瓣进行整形，将花瓣略微碾薄，同时使其产生弧度。

5 进行整形操作（图10~图12）。

6 将少量的糖霜与柠檬黄食用色膏混合，调制到所需浓度，装进裱花袋中。

7 用黄色的蛋白糖霜在每朵花的中心凹槽处裱上一个小点。

紫罗兰的制作

1 将干佩斯与紫罗兰食用色膏进行混合，调制出所需要的糖膏。

2 将糖膏擀薄至所需要的厚度（0.1厘米），然后使用紫罗兰模具进行压模。

3 将刻好的紫罗兰花像帽子一样倒扣，放在海绵垫上。

4 使用小号的球形塑形棒对紫罗兰花瓣进行整形，

将花瓣略微碾薄，同时使其产生弧度（图13）。

5 将花翻过来，将防黏棒的锥形端抵住花的中心，轻推按出一个凹槽井。

6 重复以上步骤制作剩余紫罗兰，并将其放置晾干。

7 当花晾干定型后，使用黑色食用色素笔，在花瓣靠近中心凹槽井的部分画出细黑线（图14）。

8 将一部分白色蛋白糖霜装入裱花袋中，裱在花瓣中心的凹槽井中，最后在花瓣上留出一个小尖角（图15）。

对蛋糕进行装饰

1 使用抹刀，将柠檬奶油霜均匀涂抹在蛋糕顶部的圆顶上。放入冰箱，冷藏大约15分钟，使柠檬奶油霜稍微变硬。

2 取一部分蛋白糖霜加入苔绿食用色膏，混合均匀后，装入裱花袋中。

3 在每个纸杯蛋糕的顶部放上1朵大玫瑰花或3朵玫瑰花蕾，并按入柠檬奶油霜中以固定。

4 用剪刀在裱花袋的袋口位置剪出一个"V"型口（图16），然后在玫瑰花的周边进行裱花。裱花时，需要来回摆动以裱出叶子的形状。在裱花快结束时，停止挤压裱花袋，并轻轻抽离，以形成一个漂亮的叶子尖（图17）。

5 当裱好的叶子还有一定湿度的时候，将白色小花以及紫罗兰随意装饰在玫瑰花周围以及叶子上（图18）。

冰岛罂粟花

通过多种颜色搭配制作的罂粟花，花本身的色彩让眼前一亮。搭配精心调制的柠檬黄色蛋糕，呈现出一幅令人愉悦的画面。

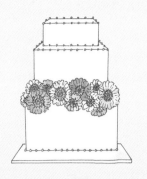

原　料

制作10朵小罂粟花和10朵中等罂粟花以及部分叶子（只使用小蛋糕）：

1千克干佩斯

防黏白油

玉米淀粉

食用色膏（象牙白、柠檬黄、浅黄色、薄荷绿）

食用色粉（浅黄色、浅绿色、浅棕色、橙红色、珊瑚红）

食用胶

10束小白点雄蕊（1束雄蕊组成2个花芯）

10根22号白色仿真花枝铁丝，每根都对半切开

10根24号白色仿真花枝铁丝，每根都对半切开

40根28号白色仿真花枝铁丝，每根都切三等份

1根26号白色仿真花枝铁丝，每根都切三等份（只用于小蛋糕）

尼罗绿色花纸胶布，宽7毫米（或15毫米宽，对半纵向切割）

20朵小花

工　具

基础工具（第11页）

小号、中号罂粟花模具

中号雏菊叶模具（只用于小蛋糕）

花茎板

叶子纹路模具（只用于叶子）

球形塑形棒（只用于叶子）

罂粟花花瓣纹路模具

花瓣塑形棒

钢丝剪刀

镊子

剪刀

直径6厘米的半球形硅胶模具

裱花袋

花粉类

仿真泡沫蛋糕

1

2

3

4

5

6

7

8

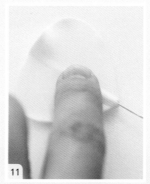

9

10

11

12

制作过程

1 参照第83页中的大蛋糕，需要一个由3个方形蛋糕组织成的3层蛋糕，3层蛋糕的尺寸分别是10平方厘米×5厘米高度、15平方厘米面×10厘米高度和20平方厘米×10厘米高度。所有的三层蛋糕都要均匀涂抹上杏仁膏并且包裹淡黄色的干佩斯，并在蛋糕底部镶上宽为2.5厘米宽的黄色螺纹丝带。最底部的蛋糕底托（30厘米的方形）边围上淡黄色的干佩斯，并在边缘围上1.5厘米宽的黄色螺纹丝带。

2 还需要另外准备三个小蛋糕，5平方厘米×10厘米高度，表面均匀涂抹杏仁膏并包裹淡黄色的干佩斯，并在蛋糕底部围上5厘米宽的黄色螺纹丝带。

3 制作4种颜色5朵罂粟花，分别是黄色、桃色、淡粉色和粉红色。

制作罂粟花芯

1 将100克白色干佩斯与少量薄荷绿和柠檬黄食用色膏混合均匀，做成淡绿色的干佩斯，用密封袋包裹。

2 使用镊子，将每根22号仿真花枝铁丝，弯曲出一个开口的小勾，呈半圆形。

3 将淡绿色的干佩斯分出20个榛子大小的小球，直径约0.9厘米。

4 取一根弯曲的仿真花枝铁丝，蘸上食用胶，有一点黏性，但不是很湿，然后把弯勾推倒绿色的小球中（图1）。

5 用镊子以花芯中心点为基准夹出对称的八条线（图2）。将剩余的小球都以相同步骤进行加工，并晾干一晚上。

6 当花芯干透之后，在八条线上刷上少量的食用胶，然后蘸上花粉粒（图3和图4）。

7 使用镊子，将每根24号仿真花枝铁丝一端弯曲成一个开口的钩。

8 把每一束雄蕊分成两半，做成20小束。用上一步做好的钢丝钩将每一小束雄蕊固定（图5）。然后将雄蕊向上推至钩的两边，均匀的碾成扇形（图6）。

9 将浅绿色的色粉刷在雄蕊的尖端边缘，剩余的部分则用浅黄色和橙色的混合色粉来修饰（图7）。

10 取之前做好的花芯，将其连接的花枝铁丝抵住雄蕊的中心点，并把花芯推向雄蕊的中间，使雄蕊均匀地分布在花芯的周围（图8）。

11 把与花芯和雄蕊连接的铁丝黏在一起做成一个主体花蕊。并用花纸胶布把茎上的仿真花枝铁丝包在一起，以便雄蕊和罂粟花芯紧紧地固定在一起。重复以上步骤制作剩余的罂粟花芯（图9）。

制作罂粟花花瓣

1 总共需要60片小花瓣和60片中花瓣。

2 留下50克白色干佩斯，剩余的部分与少量的浅黄色食用色膏和象牙白食用色膏均匀混合在一起，做成乳黄色的干佩斯。放入密封袋中，直到其软硬度适合下一步操作。

3 将上一图中的干佩斯擀薄，厚度不大于0.1厘米。

4 使用罂粟花模具刻出花瓣，尖的一端在后续制作中需黏在主体花茎上。

5 将花瓣放置在海绵垫上，并使用球形塑形棒沿着中线边缘按出褶皱纹路，使中线鼓起（图10）。

6 在28号仿真花枝铁丝上蘸上一些食用胶，把它插入花瓣中线最厚的地方，需插入到花瓣中心点（图11）。

7 将插好仿真花枝铁丝的花瓣，放入花瓣纹路模具中，刻出花瓣纹路（图12）。

8 把花瓣移回海绵垫上，使用基础工具将花瓣的圆形边缘进行整形（图13）。

9 将玉米淀粉均匀撒在直径6厘米的半球形硅胶模中，并将花瓣尾端多余的仿真花枝铁丝略微向上弯曲，然后把花瓣放入半圆模中，重复这一步骤制作成剩下的花瓣（图14）。需要晾干一个晚上。

装饰花瓣

1 每一朵罂粟花由五片花瓣组成，每一片的花瓣大小需要一致。需要使用四种色粉对花瓣进行修饰分别是：黄色、桃色、淡粉色和粉红色。

2 在每一片花瓣尾端的正反两面刷上一层绿色的色粉，覆盖大约1厘米长的区域。

3 为了花瓣上的每一部分颜色达到最佳的效果，在色粉的使用上需要注意一些细节以及色粉之间的搭配。淡黄色与黄色、浅棕色与桃色、浅粉色与橙红色以及混合的珊瑚红、橙红色与粉红色。

4 在每一片花瓣的正反面都刷上浅棕色的色粉（图15），由花瓣的边缘向刷好绿色粉的一端呈现由深到浅的渐变过程（图16）。

制作罂粟花

1 将每一片花瓣连接的仿真花枝铁丝向下90度弯曲（图17）。

2 将第一片花瓣放在雄蕊下端，并用尼罗绿色花纸胶布将花瓣的仿真花枝铁丝与雄蕊的主体花茎黏合在一起，以起到固定作用（图18）。

3 在雄蕊的周围在放置两片花瓣，按上一步骤中相同的方式，使用尼罗绿花纸胶布进行固定（图19和图20）。三片花瓣之间需保持一定的空隙。

4 将下一层的三片花瓣放置在上一层三片花瓣所留的空隙之间，以呈现出交错感（图21）。需注意的是：当你添加每一片花瓣时，需要用尼罗绿花纸胶布缠绕主体花茎几次，使之牢牢固定在其对应的位置上。

5 当所有的花瓣都黏在雄蕊上之后，将花倒过来，使用尼罗绿花纸胶布将花瓣的仿真铁丝花枝与主体花茎进行包裹，直到仿真铁丝花枝完全被包裹在主体花茎上，形成花茎（图22）。并用剪刀将花茎底部修平，剪去过长的铁丝。

制作迷你蛋糕所需要的叶子

1 将剩下的绿色干佩斯擀薄之后，使用叶子模具，刻出所需要的叶子形状。

2 将叶子翻面放在海绵垫上，使用球形塑形棒将叶子的边缘碾薄（图23）。

3 使用26号仿真花枝铁丝，蘸上食用胶，将其推倒叶子底部大约三分之一的地方。

4 把叶子翻面，放在叶子纹路模具上，压出茎脉纹路（图24）。重复以上步骤制作所需要的叶子，然后放置一晚上晾干。

5 当叶子晾干后，在叶子的正反两面刷上青柠绿色粉。

6 将一片叶子附着在罂粟花上，并将叶子的仿真花枝铁丝弯曲与罂粟花茎平行，使叶子与罂粟主体花茎呈90度，然后将叶子固定在罂粟主体花茎上。

保持花朵色泽

将每朵罂粟花蒸2~3秒钟，使其色泽更加自然，更显真实。

将花装饰在蛋糕上

把罂粟花茎插到花中，然后用镊子把它们推倒蛋糕里。

白玫瑰

这款精致的婚礼蛋糕代表着永恒的优雅与
美丽。一百片纯白色玫瑰瓣随意散落在四
层蛋糕上，象征着纯洁、团结和真爱。

原　料

制作一朵大玫瑰花和100片玫瑰花瓣：
600克干佩斯
防黏白油
玉米淀粉
100克蛋白糖霜（第215～216页）

工　具

基础工具（第11页）
中号、大号玫瑰花瓣模具
玫瑰花瓣纹路模具
美工剪刀
仿真泡沫蛋糕
2张直径为4厘米的半球形硅胶模
大号杯子蛋糕底托
裱花袋

制作过程

需要准备一个四层蛋糕，由4个直径尺寸不同的圆蛋糕组成，顶层（10厘米）、第二层（15厘米）、第三层（20厘米）、底层（25厘米），高度10厘米。所有圆蛋糕都均匀涂抹上杏仁膏，并用干佩斯包裹。准备一个直径为35厘米的蛋糕圆底托，并包裹干佩斯，边缘系上1.5厘米宽的白色缎带。

1 将一根竹签对准泡沫花蕾底部的中心，并推入三分之一，固定。

2 将干佩斯揉搓至表面光滑柔韧，然后放置在密封袋内，以防其干燥。

3 取出一部分干佩斯，并擀至0.1厘米的厚。然后使用中等玫瑰花模具，刻出花瓣。

4 将花瓣放在海绵垫上，使用球形塑形棒碾压花瓣边缘，使花瓣边缘产生波浪状的褶皱纹路（图1）。

5 把花瓣翻个面，在背面刷上一层薄薄的食用胶。

6 将花瓣与泡沫花蕾的位置进行调整（图2），花蕾尖端的高度应略低于花瓣顶端（大约0.5厘米）。

7 将花瓣的左半端边缘折叠在花蕾的顶端，然后是右半端的花瓣，最后将顶端捏在一起（图3）。

8 再做三片同等大小的花瓣。在每片花瓣的底部以"V"字形刷上食用胶，在花瓣左、右端的边缘三分之二处刷上食用胶（图4）。

9 在装饰第二片花瓣之前，先在花蕾及第一片花瓣边缘刷上食用胶（图5）。

10 将花蕾铺在第二片涂有食用胶花瓣的地方。花蕾的尖端应该在花瓣顶端下方0.5厘米处（图6）。然

后将花瓣的左侧边缘折叠，并将右侧的花瓣边缘打开（图7）。

11 顺时针旋转花蕾，在第一片花瓣的中间插入第二片花瓣，将花瓣的左边折下来，然后把右边张开。

12 加上第三片花瓣，使其与第二片重叠，并在第一片花瓣下端将边捏住（图8）。确保所有的三片花瓣都均匀分布在顶部。

13 使用牙签，将每一片花瓣的向右卷出边缘（图9）。

14 最好的办法是用你的手指握住花瓣边缘，然后用牙签将其黏在一起。使牙签与花蕾的顶端平行，以保持其圆锥的形状。不然花瓣开的幅度会过大。

15 当你折叠了每一片花瓣的右边缘，要小心折叠每片花瓣的左边缘，确保牙签不在花瓣上戳出洞。轻轻地把每片花瓣的顶部捏出小尖。

16 当花瓣整形完成之后，再用食用胶将花瓣黏在花蕾上，然后再用牙签把花瓣的两侧和顶部折起来（图10），跟上一步骤中的手法一致。将花瓣轻轻捏合。

17 在每片花瓣的底部再一次以"V"字形刷上食用胶，并将第一片花瓣与上一层的两片花瓣重叠在一起。这一层所有的花瓣高度要一致。

18 按上述的手法将剩下的四片花瓣黏在花蕾上（图11），并晾干，最好隔夜。

19 接下来制作中型花瓣，使用中号花瓣模具，以同样的步骤制作约80片花瓣。用网筛将玉米淀粉筛洒在直径为4厘米的半球形硅胶模上，并将花瓣放在模具中。晾2小时。

20 在下一层花瓣中，我们需要用大号的花瓣模具，

刻出七片大花瓣。

21 用玫瑰花瓣纹路模具修饰花瓣，刻上纹路（图12）。

22 对花瓣边缘进行卷曲（图13），将花瓣放在多孔泡沫晾花花托上，卷曲端扣在边缘线上，花瓣底部在凹槽内弯曲，形成一个杯型（图14）。然后晾一会儿。晾干后在每片花瓣的尖末端以"V"字形刷上食用胶。

23 将这一层的第一片花瓣，排列在上一层的两片花瓣的重叠点上，使其略低于上一层。

24 将玫瑰花翻过来，将这一层剩余的6片花瓣从底部开始排列，将他们与其他花层相连（图15）。

25 当7片花瓣都排列、黏合完成后，从玫瑰顶部开始检查玫瑰，必要时对花瓣进行调整（图16）。

26 然后把玫瑰倒挂在柔软的表面（海绵垫）上晾干至少30分钟（图17）。

27 接着制作最后一层的9片花瓣，并用美工剪刀在花瓣的边缘剪出两道缺口（图18）。

28 将花瓣放在海绵垫上，使用球形塑形棒对花瓣边缘进行碾压（图19）。

29 用网筛将玉米淀粉筛在半球形硅胶模具上，然后将花瓣的边缘悬在半球的边缘上（图20）。使这部分的花瓣比上一层花瓣弯曲度更大，然后将其晾干。

30 根据上述步骤制作最外层的剩余花瓣。

31 同时，按步骤18~20使用大号玫瑰花瓣模具制作更多的花瓣。

32 在9片大花瓣上以"V"字形涂上食用胶，并将花瓣尽可能低的排列，使花瓣的底部可以接触到固定的牙签（图21和图22）。

33 将玫瑰花晾15分钟以上。将花挂在晾花架上（图23）。这一步能使花瓣开放且不会脱落。然后将玫瑰花插在泡沫蛋糕上，使其完全干燥（图24）。

装饰蛋糕

装饰蛋糕时，调整摆放角度，使玫瑰花向前倾，并把牙签推入蛋糕中，然后使用蛋白糖霜将玫瑰花固定在最佳位置上。然后利用花瓣将玫瑰花周围填满，直至没有空隙。

使用蛋白糖霜，将剩下的玫瑰花瓣随意黏在蛋糕层、蛋糕底托上。

13

14

15

16

17

18

19

20

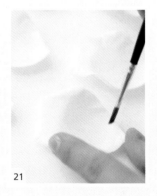

21

22

23

24

97

欧布花瓣蛋糕

简单的玫瑰花瓣，从暗红，到亮粉，营造
出令人惊叹的现代感。

原　料

制作500片玫瑰花瓣：
500克白色干佩斯
防黏白油
食用色膏（红宝石色）
150克蛋白糖霜（第215～216页）

工　具

基础工具（第11页）
小号玫瑰花瓣模具
球形塑形棒
多孔泡沫晾花花托
2个裱花袋

制作过程

需要一个4层的大蛋糕，由正方形蛋糕组成，边长分别是10厘米（最高层）、15厘米（第二层）、20厘米（第三层）和25厘米（底部）。所有层高均为10厘米高，上面覆盖着杏仁膏和白色干佩斯。底部是一个35厘米的正方形蛋糕底托，上面盖着白色翻糖膏，边缘系上15毫米宽的白缎带。

1 使用200克白色干佩斯与红宝石色食用色膏混合均匀，制成玫红色干佩斯。

2 将这一部分干佩斯擀至1毫米厚，使用小号玫瑰花花瓣模具，刻出花瓣（图1）。

3 将花瓣放在海绵垫上，用球形塑形棒碾压花瓣的边缘，产生轻微的波浪纹（图2）。

4 将花瓣翻面，用牙签把花瓣的两个圆边卷起来（图3）。

5 把花瓣放在多孔泡沫晾花花托上，晾几个小时，直到花瓣形状稳定（图4）。

6 重复以上步骤，制作大约150片玫红色花瓣。将三分之二的花瓣向上弯曲，放在多孔泡沫垫上，然后将三分之一的花瓣在多孔泡沫垫的凸起部分向下弯曲。

7 将红宝石色食用色膏和100克白色干佩斯混合调成深粉色。重复制作花瓣的过程，制作150片深粉色的花瓣。

8 将剩下的深粉色干佩斯和100克的白色干佩斯混合调成淡粉色，制作80片淡粉色花瓣。

9 将剩余的淡粉色干佩斯和剩下的白色干佩斯混合在一起做成粉红色干佩斯，然后做大约120个粉色花瓣。

10 当所有的花瓣都干了，可使用蛋白糖霜将花瓣黏在蛋糕上。从顶部开始，将花瓣紧密地排列在一起。制作下面一层的时候，把花瓣分散得更开一点。

1 2 3 4

糖花造型

香豌豆花束

一束不同大小、不同颜色的香豌豆花，是所有庆典蛋糕的完美主角。用这些丰富的花瓣来映衬，使之能在记忆中保存和珍惜美好的瞬间。

原　料

制作5根长的和3根短的香豌豆花：

600克白色干佩斯

防黏白油

食用色膏（葡萄紫色、紫罗兰色、叶绿色）

食用色粉（淡紫色、草绿色）

食用胶

21根绿色26号仿真花枝铁丝，剪成4份

8根2号仿真花枝铁丝

50毫米宽的淡紫色缎带

尼罗绿花纸胶布

工　具

基础工具（第11页）

小号玫瑰花瓣模具

香豌豆花瓣模具套组

小号花萼模具

纹路塑形棒

骨形塑形棒

花瓣塑形棒

钢丝剪刀

画笔

多孔泡沫晾花花托

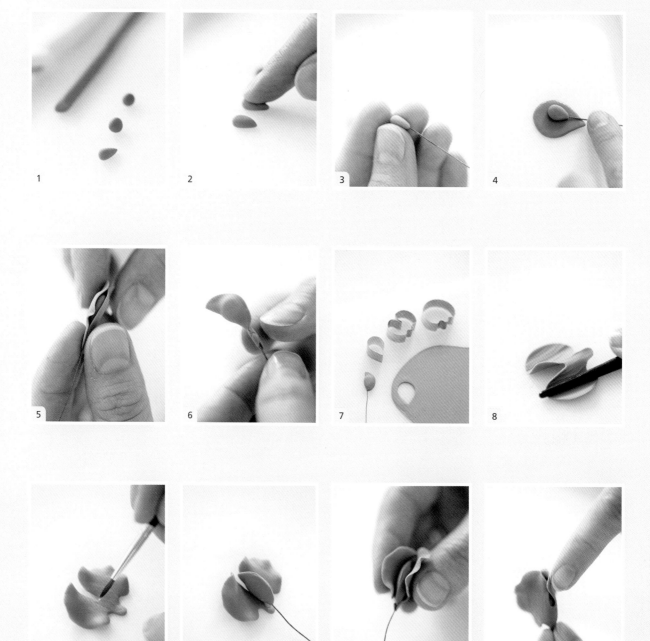

制作过程

需要一个直径为15厘米、高为10厘米的圆蛋糕。并在蛋糕上均匀涂抹杏仁膏，用白色翻糖膏包裹表面。底部为直径20厘米的圆蛋糕底托包上白色翻糖膏，并系上宽为15毫米的纯白色缎带。

可以改变每根茎上花的数目。例如，我做了一根小的茎、2朵大号深紫色的花、2朵中号淡紫色花、1朵小号淡紫色花、1朵小号淡紫色花蕾和1根卷曲的花茎。同时，我做了一根长花茎、3朵大号深紫色花、3朵中号薰衣草花、1朵小号淡紫色花和1朵小号淡紫色花蕾以及2根卷曲的花茎。

将200克的白色干佩斯和足够的葡萄紫色色膏混合在一起，调制出暗紫色的干佩斯。干佩斯在放置的过程中会慢慢变干，所以要将糖膏揉的光滑柔软，必要时加入少量白油，以保持糖膏的柔软性。

以密封袋包裹上一步骤中的糖膏，放置15分钟。

将250克白色干佩斯和紫罗兰色膏混合在一起，调制出薰衣草色的干佩斯。将120克白色干佩斯和葡萄紫色膏混合在一起，调制出浅紫色的干佩斯。将30克白色干佩斯和叶绿色色膏混合在一起，调制出浅绿色的干佩斯。

制作甜豌豆花的花芯

1. 需要制作21个深紫色、21个薰衣草色和16个淡紫色的花芯。从深紫色开始，将少量的干佩斯揉成一大约5毫米厚的长条。并把它切成21小块（图1），然后装进密封袋中防止干佩斯干燥。一次取一个面团，把它揉成直径约4毫米的豌豆大小的球。

2. 把每个小球都整形成水滴状，然后压平（图2）。大小应该是玫瑰花瓣切割器的一半。

3. 在26号仿真花枝铁丝末端蘸上食用胶，并将上一步骤中的水滴花芯固定在仿真花枝铁丝的尖端（图3）。

4. 重复上述步骤，对所有的水滴进行加工。

制作香豌豆花蕾

1. 将一部分深紫色的干佩斯擀至1毫米厚，使用小号玫瑰花花瓣模具切出花瓣，并放在海绵垫上。

2. 用球形塑形棒碾压花瓣，直到边缘稍微卷起来，使花瓣面积变大。花瓣的面积需要能够把水滴完全包裹起来。

3. 在花瓣表面刷上食用胶，然后将固定有仿真花枝铁丝的水滴花芯放在其中心点的正上方（图4）。

4. 将花瓣折起，并将边缘轻轻捏合，这样水滴就会被封闭，但一边需略微张开（图5）。下端多余的部分需要去掉（图6），然后让花蕾干燥。

5. 上述步骤中，与花蕾黏合的一片花瓣的颜色须与花芯的颜色一致。

制作小号香豌豆花

1. 用不同颜色的干佩斯来制作花瓣，每一朵花的花瓣颜色需要与花蕾一致。使用香豌豆花瓣模具切出花瓣（图7）。

2. 将花瓣放在海绵垫上，使用球形塑形棒略微整形。

3. 使用花瓣塑形棒，尖的一端对着花瓣，在花瓣上来回滚动，使花瓣产生褶皱（图8）。

4. 使用骨形塑形棒在花瓣的边缘碾压来制造花瓣的波浪边。

5. 将花瓣翻面，沿着花瓣的中线刷上食用胶（图9）。

6. 将花蕾光滑的一面，贴在刷有食用胶的花瓣中心上，黏合边朝上（图10）。

7. 然后把两边折起来（图11）。

8. 在花瓣的另一面涂上胶水，将花瓣部分重叠起来（图12）。

9. 重复上述步骤对海绵垫上剩余的花瓣进行操作，制作香豌豆花。

10 将剩余的淡紫色干佩斯卷至厚约1毫米。

11 用香豌豆花瓣模具，刻出一片花瓣。

12 将花瓣放在海绵垫上，用防黏棒在花瓣的边缘碾压一下（图13）。

13 用骨形塑形棒创造波浪状的边缘（图14），然后将食用胶刷在花瓣中心。在上面放上一颗甜豌豆花芯，把花瓣两边稍微推一下，让花瓣张开显得自然。

14 将多余的花瓣部分捏在花的底部（图15），并将花插在泡沫蛋糕上，晾一个晚上。重复上述步骤，制作剩余的薰衣草色香豌豆花。

制作大号香豌豆花

重复上述步骤制作中等大小花瓣，使用深紫色的干佩斯。但是这次需要把干佩斯擀得稍微厚一些，用时使用防黏棒延展花瓣的时候，也需要将花瓣稍微延伸一点，这样就能使花瓣的体积稍微大一点。

装饰香豌豆花

将色粉由花瓣的外侧向内侧刷（图16）。对于深紫色的香豌豆花，用紫红色的花瓣和一朵小紫花混合搭配。因为薰衣草色系花内外的颜色是接近的，所以用略淡的薰衣草色来调节色彩。淡紫色的花朵，花蕾是淡紫色的花瓣。刷色粉时，比小号花更重地刷大的花，而刷嫩芽时只需要轻轻拂过即可。

制作花萼

1 当所有的花瓣都刷好色粉之后，将浅绿色的干佩斯在尺寸合适的多孔不黏海绵板上擀薄（图17）。再用小号花萼模具，刻出一份花萼（图18）。

2 在每个花萼的中心点，使用锥形工具推进其中，然后用食用胶刷一下。

3 将花萼从连接花的仿真花枝铁丝底部串入，推倒花的根部并黏合（图19）。如果花萼与花瓣黏合度不够，可再刷一次食用胶。

4 重复上述步骤制作剩下的花与花萼，并进行至少晾干两个小时。

处理花茎

1 在根茎的仿真花枝铁丝上缠上尼罗绿色花纸胶布，缠至花萼下端位置（图20）。

2 制作卷曲的花茎（图21），可以将已经缠好胶布的26号仿真花枝铁丝黏在一起，并将其一端抽离5厘米。另外一种方法是，将缠好胶布的仿真花枝铁丝，缠绕在细的画笔上，抽出画笔形成卷曲花茎。

3 将22号仿真花枝铁丝缠上尼罗绿仿真花枝铁丝，作为主茎，并留出25厘米的空隙。

4 加入一个花蕾，并把它紧紧地贴在茎上，露出1厘米的胶带。

5 继续沿着茎干再加上一朵小号花，后面是3朵中号花和3朵大号花，在对面的每一处都比前一处低2.5厘米。（图22～图24）。在花之间增加2根卷曲的花茎，1根在上半部，1根靠近下半部分。

6 尽可能将仿真花枝铁丝组成一根粗长的花茎，然后用钢丝剪刀将末端的仿真花枝铁丝修平。

7 对剩下的4根主花茎进行重复操作。制作3根小茎时，采用同样的方法，每束花由1个花蕾、1朵小号花、2朵中号的花、2朵大号花以及1根卷曲花茎组成。

保持花朵色泽

当所有的步骤完成后，将蒸约3秒钟，以保持颜色的艳丽。放置晾干几分钟，当需要使用时，放置在柔软的蛋糕表面。

制作花束

使用5厘米宽的缎带将甜豌豆花的花茎包裹在一起。缎带打一个蝴蝶结，然后整齐地修剪花茎的最底部。有需要的话，可以使用镊子将花和花蕾进行弯曲。

13

14

15

16

17

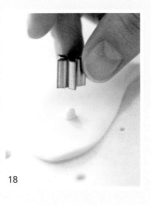

18

19

20

21

22

23

24

英式花园玫瑰

灵感来自大卫·奥斯汀的凯拉玫瑰，这一独特的花由四个花芯组成，层层展开，最终形成一朵完整的圆玫瑰。

原　料

制作大卫·奥斯汀风格玫瑰：1朵大玫瑰花蕾、1朵中等玫瑰花蕾、1朵小玫瑰花蕾和4组叶子：

500克白色干佩斯

防黏白油

食用色膏（象牙白、深粉色、叶绿色）

食用色粉（粉红色、浅蓝绿、草绿色）

食用胶水

4根24号白色仿真花芯线

3根26号仿真花芯，每根切三段

白色花纸胶布

3个直径2厘米的仿真花蕾

玉米淀粉

蛋白糖霜

小号花签

珍珠喷雾

工　具

基础工具（第11页）

大、中、小三个型号玫瑰花瓣模具

中、大两个型号花萼模具

中、大两个型号玫瑰叶子模具

玫瑰花瓣纹路模具

玫瑰花叶纹路模具

细的不黏擀面杖

镊子

钢丝剪刀

画笔

直径为6厘米的半球形硅胶模具

小号圆形模具

骨形塑形棒

长笛茎脉塑形棒或脉纹塑形棒

仿真泡沫蛋糕

保鲜膜包裹的马克杯

厨房纸

制作过程

需要2个圆蛋糕：一个直径为10厘米、高为5厘米；另一个直径为15厘米、高为15厘米。上述两个蛋糕都需涂抹杏仁膏并且包裹上象牙白色的翻糖膏。另取一个直径为20厘米的蛋糕底托，包裹上象牙白色的翻糖膏，并围上宽为15毫米的纯白色缎带。蛋糕层的周围，使用粉色、黄色、深粉色干佩斯制作的圆片做装饰。圆片表面用银粉装饰，再用食用胶水黏在蛋糕上。

1 400克白色干佩斯与适量的防黏白油混合，揉至表面光滑。

2 取三分之一白色干佩斯与适量深粉色食用色膏混合均匀，调制出浅粉色的干佩斯。

3 剩余的三分之二白色干佩斯与象牙白食用色膏混合均匀，调制出浅象牙白色的干佩斯。

4 将调制好的干佩斯放入密封袋中，防止干燥。

制作玫瑰花芯

1 由四个独立的小花芯组成，形成一个十字型的花芯。

2 将1根24号仿真花芯线剪成4份。

3 用一根细的不黏擀面杖和镊子把每根线的一端弯曲，做成一钩。确保所有4个钩子的大小和形状都大致相同。

4 将粉色的干佩斯擀至非常薄，使用小号玫瑰花瓣模具（图1）。并将刻好的花瓣放在海绵垫上，用防黏棒略微整形。

5 将花瓣翻面，在花瓣的下半段刷上胶水。

6 花瓣包裹着花枝铁丝，并将下端与花枝铁丝黏合在一起，上端呈盛放状态（图2）。确保花枝铁丝上的弯钩不被花瓣包裹。制作完成后，让4片花瓣晾一个晚上以定型。

7 当花瓣定型之后，以同样的手法制作另外4瓣花瓣。将干佩斯擀的稍微厚一点，刻下来的花瓣用防黏棒略微整形，让花瓣舒展，需比第一层花瓣略大。

8 将食用胶水刷在第一层花瓣的背面，黏上新的花瓣并折起来（图3）。确保第二层花瓣在前一层花瓣的闭合处整齐的黏合。顶部部分依旧是盛开的。重复以上步骤完成剩下的3片花瓣的制作。

9 将剩下的粉色干佩斯与少许的象牙白干佩斯混合均匀，做成浅粉色的干佩斯。并利用这一部分干佩斯，刻出4片花瓣。

10 使用防黏棒对上一步骤中的4片花瓣进行整形，然后使用骨形塑形刀在花瓣上制造波浪纹。再刷上食用胶水，把花瓣组合到花蕾上（图4）。

11 将花放置晾干两个小时，或者一个晚上。

12 当花型固定之后，将花茎略微弯曲（图5），并将四瓣花瓣组合在一起，呈十字型（图6和图7）。

13 把剩下的大约50克粉色干佩斯与一点象牙白干佩斯混合均匀。用中等玫瑰花瓣模具制作另外的4片花瓣，这些花瓣应该比之前的花瓣有更丰富的纹路（图8）。

14 在黏上花瓣之前（图9），要把4个花瓣中心弯曲，这样就有足够的空间让你的手指整理每一片花瓣（图10）。尽可能保持花瓣干净。每一片都需要完全覆盖前一层花瓣的最下端（图11）。

15 使用大号玫瑰花模具制作八片花瓣。重复最后一层的制作步骤，再添加两层花瓣（图12）。

16 当花瓣仍然柔软的时候，把所有的4个花芯都往中心点推，直到它们合拢（图13）。轻轻的将干佩斯黏在一起，将任何可能在底部可见的仿真花枝铁线黏在一起。

17 将玫瑰花芯放在半球形硅胶模具，每一个半球的中心点，晾干一个晚上。

制作外层花瓣

1 当玫瑰花芯晾干定型后，将象牙白干佩斯擀至1毫米厚。

2 使用大号玫瑰花模具，刻出八片花瓣。

3 将花瓣放在海绵垫上，使用防黏棒对花瓣的边缘进行整形。然后使用玫瑰花瓣纹路模具将其压制出花纹。

4 将花瓣移回海绵垫上，使用骨形塑形棒对花瓣的边缘进行波纹整形。

5 在半球形硅胶模具上，撒上玉米淀粉，将整形好的花瓣放入其中，直至花瓣的形状固定。

6 在花瓣保持有一定柔软性时，在花瓣上以"V"字形刷上可食用胶水（图14）。

7 在玫瑰花芯周围排列花瓣（图15~图17），花瓣的外部边缘呈杯型重叠放置，每片花瓣的边缘应重叠约一半。

8 最后一瓣花瓣应该放在前两瓣的中间。将玫瑰倒扣在海绵垫上面更容易黏上花瓣。倒扣静置30分钟。

9 与此同时，再做8~10片的花瓣，与前一层相同。

10 用剪刀在小号玫瑰花瓣的尖端或花瓣边缘剪一些小小的切口。把花瓣球团起来，稍微拉伸一下，使每一瓣都比上一层稍微大一点。把花瓣向中间推，都黏在花芯周围（图18~图19）。

11 把玫瑰插在泡沫蛋糕上，用卷起来的厨房用纸支撑外层花瓣。让花瓣晾干一夜，但花瓣仍是开放的（第180页图8）。

制作玫瑰花蕾

1 需要三种不同形状的花蕾：一朵含苞的、一朵半盛开的、一朵完全盛开的。

2 把一个竹签推到每一个仿真泡沫花蕾的底座上，从一边穿到另一边。

3 插入一条24号仿真花枝铁丝，并将铁丝对折，相互缠绕。

4 铁丝两端在中间弯曲，并紧紧地拧在一起形成茎，要确保花蕾和铁丝之间没有空隙，否则花瓣就会非常紧密。

制作含苞的花蕾

1 将粉色干佩斯擀至1毫米厚，并用小号玫瑰花瓣模具，刻出三片花瓣。

2 将花瓣移至海绵垫上，使用防黏棒对每一片花瓣进行整形（图20）。

3 在花瓣上刷一层薄薄的食用胶。将一个仿真花蕾放在花瓣的顶端，以花蕾的顶端为中心，在花瓣边缘大约5毫米处（图21）。

4 将花瓣从左边的顶端折起，把花瓣的顶部捏住，然后将花瓣的右端折叠起来，再将花瓣的右侧捏住。确保花芯顶部被盖住（图22）。重复操作剩余的花瓣。

5 将一部分象牙白干佩斯和一部分粉色干佩斯混合均匀，刻出9片小玫瑰花瓣。使用骨形塑形棒使花瓣边缘产生波浪纹。

6 在每一瓣花瓣的底部以"V"字形刷上食用胶。

7 取一朵玫瑰花蕾，在花蕾周围排列3片花瓣，将它们重叠在前一片花瓣位置的中线（图23和图24）。所有的花瓣都应该位于同样的高度，但比第一片花瓣高几毫米，并确保玫瑰内部的泡沫仿真花芯不外露。

8 用指尖对花瓣的边缘略微卷一下（图25）。

9 重复以上操作制作剩余含苞的玫瑰花蕾，然后插在泡沫蛋糕上。

制作半盛开的和全盛开的玫瑰花蕾

1 将一块象牙白干佩斯擀薄，刻出3瓣中号花瓣给半盛开的花蕾，刻出5瓣花瓣给全盛开的花蕾。

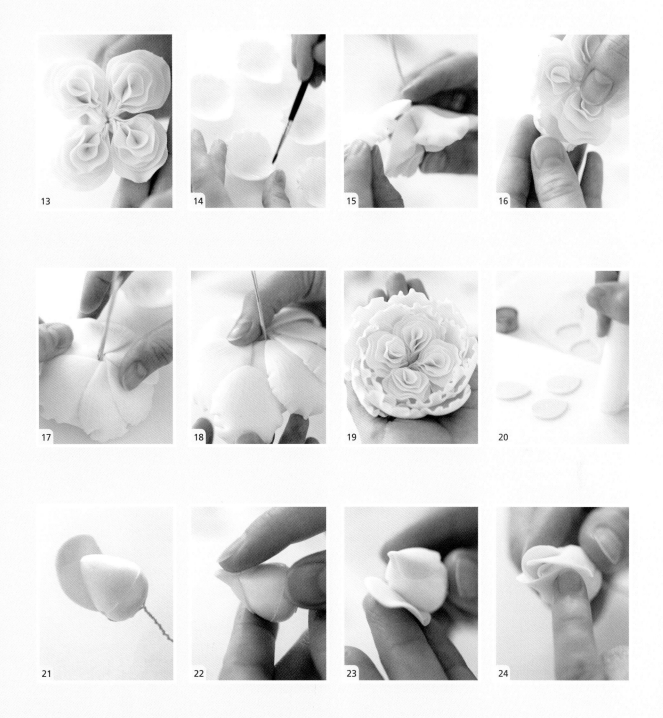

2 这一次，把花瓣边缘舒展稍微多一点，当黏在仿真花蕾上的时候，花瓣会稍微张开一点（图26）。对剩下的花瓣进行重复，将其晾干。

制作花萼

1 将100克白色干佩斯与少量防黏白油混合均匀，让干佩斯有足够的光泽度和柔软度。

2 加入少量的草绿色色膏，混合调出浅绿色的干佩斯。

3 将调好颜色的干佩斯装入裱花袋中，茎置15分钟。

4 将浅绿色的干佩斯擀至1毫米厚，使用花萼模具，刻出3个中号花萼以及1个大号花萼。

5 使用防黏棒，将花萼舒展得略宽，并将花萼的边缘捏尖。

6 使用长笛茎脉塑形棒，制作花萼的叶脉纹路（图27）。

7 将花萼翻面并刷上食用胶。

8 把一个中等大小的花萼放在手里，用食用胶把它和花蕾黏起来，然后把玫瑰花蕾仿真花芯线黏在中间（图28）。把它往下推，直到花蕾的底部抵在花萼的中央，贴在花瓣两边，把仿真泡沫花蕾包裹住。对剩下的花萼和玫瑰进行重复操作。

制作叶子

1 需要制作三组叶子，每组包含1片大叶子和2片小叶子。将绿色的干佩斯放在花茎板上擀出直线凹槽。

2 将玫瑰叶子模具以直线凹槽为中心，以较厚的一端为底部，并在叶尖处直线凹槽较薄一端（图29）。刻出3片大的和6片中等叶子。

3 把一片叶子放在海绵垫上，用胶水蘸上26号花枝铁丝。把线从底部推到茎脉的三分之一处（图30）。

4 使用防黏棒，将叶子的边缘进行舒展，使茎脉中线变薄。

5 然后使用玫瑰花叶纹路模具，压出叶子的纹路（图31），然后放置在多孔泡沫晾花花托上。重复上述步骤制作剩余叶子，晾干一个晚上。

装饰玫瑰

1 使用画笔，在花蕾和花瓣的边缘刷上粉红色食用色粉（图31）。

2 在叶子上刷上草绿色食用色粉和亮光粉。从每片叶子的底部向上刷，从边缘向中心刷（图32）。

将花与叶子组合在一起

1 使用绿色花纸胶布将叶子的仿真花枝铁丝包裹起来。将3片叶子的铁丝向左弯曲成90度；其中3片叶子应该向右弯曲90度，3片保持原状（图33）。

2 取一片大号叶子，在同一高度上，将2片中等大小的叶子分布在大叶子的左右两侧。把3片叶子的仿真花枝铁丝用花纸胶布包裹在一起。重复以上步骤制作所有的3组叶子（图34）。

3 把每个玫瑰花蕾的茎缠上几圈花纸胶布（图35），然后把1枚小玫瑰花蕾和1枚大玫瑰花蕾以及叶子用花纸胶布组合在一起（图36）。

保持花朵色泽

当所有的步骤完成后，利用水蒸气将其蒸约3秒钟，以保持色泽艳丽。放置晾干几分钟，当需要使用时，将其放置在柔软的蛋糕表面上。

装饰蛋糕

将花朵的仿真花枝铁丝推入蛋糕中固定。需要时可以使用蛋白糖霜进一步固定。

大波斯菊

简单但令人惊艳的花朵，通过在花瓣上涂抹色粉使之变得生动。这款蛋糕中的花朵仿佛从勇攀高峰的花园中升起。

原　料

需制作20朵大波斯菊、20朵中等波斯菊和20朵小波斯菊：

500克白色干佩斯

防黏白油

食用色膏（深紫红、云杉绿、淡黄色）

食用色粉（淡黄色、紫红色）

玉米淀粉

食用胶水

粗粒小麦粉

150克蛋白糖霜（第215～216页）

工　具

基础工具（第11页）

通用波斯菊花瓣模具套组

硅胶花蕾模具

贝壳形塑形棒

画笔

1个直径4厘米的半球形硅胶模具

2个直径6厘米的半球形硅胶模具

2个裱花袋

需要准备3个不同尺寸的圆蛋糕，分别是直径10厘米、15厘米和20厘米，高度均为10厘米。将这三个蛋糕的表面均匀地抹上杏仁膏，包裹上白色的翻糖膏。蛋糕的底托为直径30厘米的圆托，包裹上白色的翻糖膏，并系上一圈宽为15毫米的白色缎带。

小蛋糕则是直径5厘米、高5厘米的戚风蛋糕，同样在蛋糕表面均匀抹上杏仁膏，包裹上白色的翻糖膏。

1 将400克白色干佩斯和少量的深紫红色食用色膏混合成非常淡的粉色干佩斯，如果觉得干佩斯比较硬或是黏手，可以加一些防黏白油，然后揉到有韧性且有光泽。

2 取部分上一步中的干佩斯擀至1毫米厚，然后使用通用波斯菊花瓣模具套组，刻出大、中、小三种形状，各20朵（图1）。

3 将刻出来的花瓣放在海绵垫上，使用防黏棒对花瓣的中心及边缘舒展碾压（图2）。

4 使用贝壳形塑形棒，由花芯向花瓣边缘发力碾压，使花瓣向上弯曲（图3）。

5 在半球形硅胶模具上，撒上薄薄的一层玉米淀粉，然后将上一步骤加工好的花瓣放入模具中定型（图4）。大号花瓣使用直径为6厘米的模具，中号及小号花瓣则使用直径为4厘米的模具。

6 重复上述步骤，完成所需要制作的花瓣数量，并晾干一个晚上定型。

7 将白色干佩斯与适量的淡黄色食用色膏混合均匀制作花芯所需要的干佩斯，并分出60颗花生大小的球。

8 用花蕾模具的第4大模具格，对上一步中的小球进行加工（图5和图6）。

9 当花瓣干透定型后，使用画笔在花瓣的边缘刷上紫红色色粉（图7）。刷色粉的时候需要注意：颜色由花瓣向花芯变浅，沿着花瓣上的纹路刷。

10 将刷好色粉的花瓣放回半球形硅胶模具中，并在花芯位置刷上薄薄的可食用胶。然后将花蕾粘在花瓣的中心点上（图8）。

11 将粗粒小麦粉和少量的淡黄色色粉混合均匀（图9）。

12 在花蕾上刷上少量的可食用胶，并用上一步中的粗粒麦粉将花蕾包裹住。最后将多余的麦粉抖掉（图10）。

13 将蛋白糖霜与云杉绿色素混合均匀，然后装入裱花袋中。

14 将裱花袋剪一个小口，使用蛋白糖霜在蛋糕的边缘画上不同高度的花茎。在绘制花茎的时候，可以将蛋糕略微倾斜以避免蛋白糖霜滴落。然后再画上一些小叶子与花茎相连（图11）。

15 在每根花茎的顶端裱上一层蛋白糖霜，并附上格桑花（图12）。把花压在糖霜上几秒钟以固定。如果黏上去的花破坏了已经画好的花茎，那就再使用一点蛋白糖霜对受损部分进行修补。

艳丽牡丹

牡丹花在中国传统文化中寓意着富贵吉
祥，是人们对生活的一种美好祝福。夏
季是牡丹花盛开的季节，而盛夏的婚礼
又是一种对爱情的美好祝愿。由此而来
的灵感，将牡丹花设计在了这一款单层
婚礼蛋糕上。

原　料

制作3朵大号牡丹花，1朵中号牡丹花，
2朵小号牡丹花以及1颗花蕾，牡丹叶子：
500克白色干佩斯
防黏白油
食用色膏（桃红色，紫红色，深绿色）
食用色粉（粉红色，桃红色）
玉米淀粉
食用胶水
7个直径3厘米的仿真泡沫花蕾
蛋白糖霜

工　具

基础工具（第11页）
牡丹花花瓣模具套组
牡丹花花瓣纹路模具套组
大号、中号爬山虎叶子模具套组
中号、小号通用叶子模具套组
圆形模具两只（直径分别为4厘米、8厘米）
球形塑形棒
骨形塑形棒
长笛茎脉塑形棒
画笔
直径4厘米半球硅胶模具
大号、小号杯子蛋糕纸质底托
仿真泡沫蛋糕
3个由保鲜膜包裹的马克杯
厨房纸
裱花袋

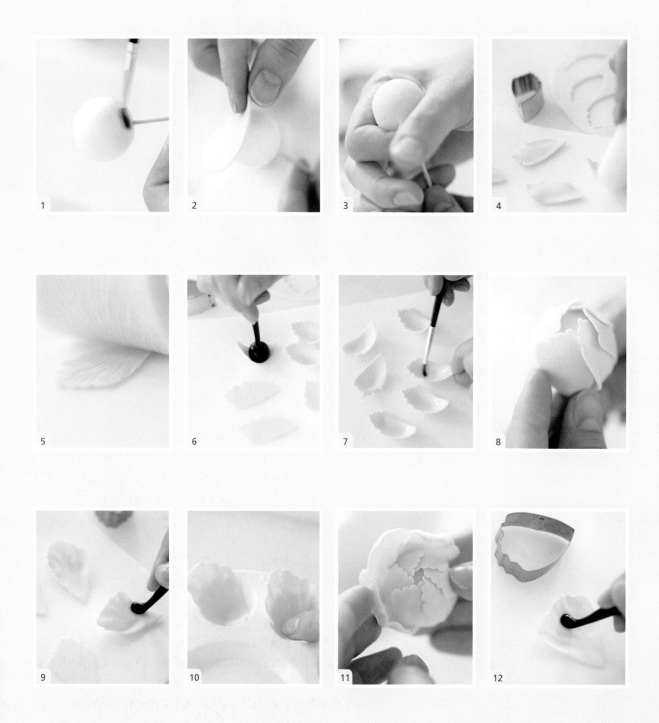

制作过程

首先需要准备一个直径为15厘米、高为12厘米的圆蛋糕，涂上杏仁膏，包裹上白色翻糖膏并系上宽为25毫米的粉色缎带。其次还需要准备一个直径为20厘米的蛋糕底座，包裹上白色翻糖膏，系上宽为15毫米的粉色缎带。

制作牡丹花蕾

1 取150克白色干佩斯与适量的桃红色食用色膏混合均匀，揉至光滑、柔软。如果干佩斯过硬或是黏手可加入适量的防黏白油。

2 将这部分干佩斯放入密封袋中，静置15分钟。

3 取一只牙签由仿真花蕾泡沫球的中心点插入，并将其固定。

4 取一部分桃红色干佩斯擀薄，使用尺寸合适圆形模具刻出圆片，使圆片能包裹住泡沫球表面。

5 在泡沫球表面刷上食用胶水（图1），将圆片的中心点抵在泡沫球的中心顶部（图2），然后用圆片把泡沫球包裹住（图3）。不必担心圆片没有将整个球完全包裹，只要球的三分之二被包裹就可以，并且要保证干佩斯的光滑度。重复上述步骤完成其余6个泡沫球的加工。

6 制作第一层花瓣，再取一部分桃红色干佩斯擀薄，使用最小号牡丹花花瓣模具，刻出6片花瓣。

7 将刻下的花瓣放在海绵垫上，使用防黏棒对花瓣的边缘进行加工（图4）。

8 使用花瓣纹路模具在花瓣上压出花瓣纹路（图5）。

9 将花瓣翻面，然后使用球形塑形棒从花芯的中心点开始向花瓣的底端转动，使花瓣边缘卷起，产生一定的弧度（图6）。

10 将整个花瓣的下三分之二涂上薄薄一层食用胶水（图7），并固定在之前完成的花蕾球上。将花瓣的两边重叠，顶部留出空隙（图8）。

11 用手将周围的花瓣压平，以保持球形。

12 重复上述的步骤，制作剩余的花蕾，并插在泡沫蛋糕上晾干。

制作小号牡丹花

1 取100克白色干佩斯与剩下的桃红色干佩斯混合，再加入一些紫红色食用色膏，调制出桃粉色干佩斯。如果干佩斯过硬或是黏手可加入适量的防黏白油。

2 将这部分干佩斯放入密封袋中，静置15分钟。

3 使用小号牡丹花花瓣模具重复图4和图5的步骤制作花瓣，每一朵花需要6~8片花瓣。

4 将花瓣翻面，使用球形塑形棒从每片花瓣的顶端开始到中间（约花瓣的一半），压出粗的沟槽（图9）。

5 在多孔泡沫晾花花托上撒薄薄一层玉米淀粉，然后将花瓣放在放在凹槽上晾干定型（图10）。

6 在每一片花瓣的下半部分，以"V"字形刷上薄薄一层食用胶水。

7 在每一朵花蕾的周围黏上7~8瓣花瓣，均匀的重叠在一起（图11）。然后将花插在泡沫蛋糕上放在多孔泡沫晾花花托上晾干，大约2小时。

制作中号牡丹花

重复小号牡丹花制作步骤来制作中号牡丹花。剩余的桃粉色干佩斯加入100克白色干佩斯及少量

糖花造型

的紫红色食用色膏，调制深粉色的干佩斯。使用中号牡丹花花瓣模具（图12）。每一朵花需要7~8片花瓣。在半球形硅胶模具上撒上一层薄薄的玉米淀粉，放入多孔泡沫晾花花托（图13和图14）。然后组装定型，插在泡沫蛋糕上，放置晾干约一个晚上。

制作大号牡丹花

1 重复小号牡丹花制作步骤，将剩余的深粉色干佩斯加入100克白色干佩斯以及少量的紫红色食用色膏。使用大号牡丹花花瓣模具，刻出8片花瓣作为最外层的花瓣。在组装的时候，将花倒过来更便于操作（图15）。也能防止花瓣掉落。

2 当最外层的花瓣都组装完成后，将花瓣倒置在多孔泡沫晾花花托上或者是泡沫蛋糕上。

3 将玉米淀粉撒在多孔泡沫晾花花托上，当花瓣完全黏合在花蕾上后，把花移至多孔泡沫晾花花托上放置晾干。为了防止花瓣闭合或者张开过度，可将厨房纸垫在花瓣的中心和周围，以获得额外的支持力。

装饰花瓣

使用画笔在花蕾及大号牡丹花的中心刷上桃红色色粉，外层的花瓣刷上粉红色色粉。从花瓣的边缘向下刷，从开放的花瓣由内向外刷，同时花瓣的背面也需要刷上色粉（图16）。

保持花朵色泽

将花蒸3秒，以保持颜色以及光泽。

装饰花蕾

1 取25克白色干佩斯加入绿色食用色膏，调制出薄荷绿色的干佩斯。并将其擀得非常薄。

2 选用小号圆形模具与花蕾进行大小对比（图17），然后在干佩斯上刻出两个圆片（图18）。

3 将圆片放在海绵垫上，使用防黏棒的圆头对其进行加工（图19）。

4 将食用胶水刷在圆片上黏在花蕾的两边，其中一端两片有部分重叠，而另外一端则是分开，并露出顶部的花瓣（图20）。

5 需要将底部多余的绿色干佩斯摘除（图21）。

制作叶子

1 取25克白色干佩斯加入少量的防黏白油，揉至光滑、柔软。分出一半干佩斯与绿色食用色膏混合，调制成浅绿色的干佩斯。另一半则调制成略深一些的绿色。

2 将这些干佩斯擀至约1毫米厚。

3 深绿色的干佩斯使用爬山虎叶子模具，而浅绿色的干佩斯则使用通用叶子模具（图22）。

4 将刻下来的浅绿色叶子放置在海绵垫上使用叶子纹路模具或长笛茎脉塑形棒，制作叶子的纹路（图23）。

5 在大号的深绿色叶子表面刷上食用胶水，然后将中号的浅绿色叶子黏在其表面。而小号的浅绿色叶子则黏在中号的深绿色叶子表面（图24）。

6 趁叶子还有一定柔软度的时候，把叶子黏在蛋糕的表面。

装饰蛋糕

将蛋白糖霜挤在牡丹花的背面，然后将花尾端的牙签插入蛋糕中以固定。

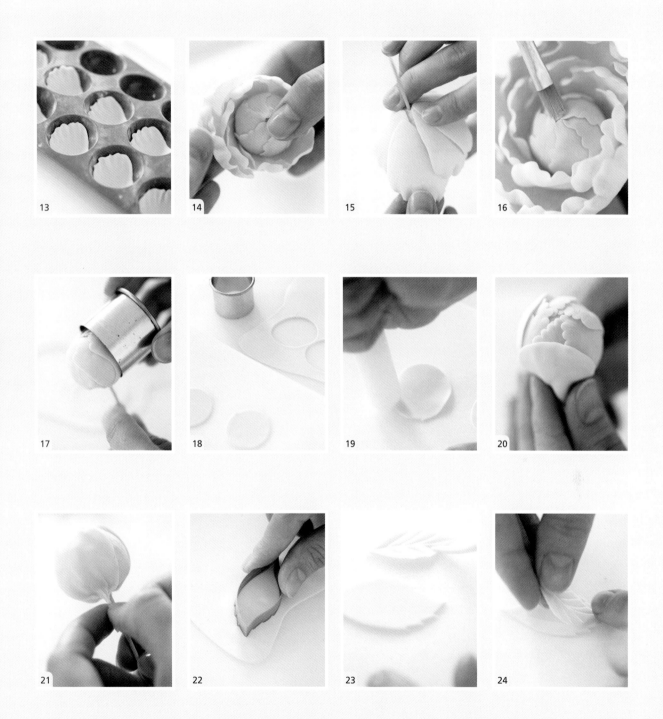

菊花树

这款季节性花卉采用硅胶模具制成，在
节日中使用能带来令人惊叹的效果。

原　料

制作1个小型锥形蛋糕及40朵菊花：

9个圆形海绵蛋糕：3个直径10厘米、3个直径15厘米、3个直径20厘米

大约2.5千克奶油霜

大约300毫升糖浆

3个圆形蛋糕底座，直径分别为10厘米、15厘米、20厘米

大约2千克杏仁膏

糖粉（筛粉用）

2千克白色翻糖膏，有250克用于制作糖花

750克白色干佩斯

防黏白油

食用色膏（特浓红色、苔绿色）

8个塑料蛋糕钉

圆形蛋糕板，直径25厘米

少量伏特加

150克蛋白糖霜

制作1个大型锥形蛋糕及大约60朵菊花，需要追加以下材料：

3个直径25厘米的圆形海绵蛋糕

大约1千克奶油霜

大约175毫升糖浆

大约1千克杏仁膏

1千克白色翻糖膏，有150克用于制作糖花

450克白色干佩斯

4个塑料蛋糕钉

圆形蛋糕板，直径30厘米

工　具

分层及糖霜工具包（第203和208页）

硅胶菊花模具

剪刀

裱花袋

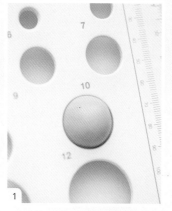

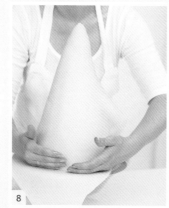

制作花朵

1 将250克白色干佩斯揉至光滑、柔软，如果糖膏过于黏稠，可以加入少量防黏白油。

2 使用所选颜色给糖膏着色，放置30分钟，直至其紧实。

3 混合100克蛋白糖霜和与糖膏同色的色素，将糖霜转移至裱花袋中。

4 在硅胶菊花模具内部涂抹薄薄一层防黏白油，将糖膏塑形成直径12毫米的球状（图1），用密封袋包裹起来，放置至糖膏变干。

5 将糖膏球摁进硅胶菊花模具中，压实（图2），压平，使其填满模具。

6 轻磕模具边缘，使糖膏花脱模。（图3和图4）

7 重复以上步骤以制作小型蛋糕需要的40朵菊花或大型蛋糕需要的60朵菊花。

组合蛋糕

1 将海绵蛋糕分层切开（每个尺寸使用一个蛋糕），并涂以糖浆及奶油霜（第205页）。

2 使用塑料蛋糕钉直接堆垒裸蛋糕（表面未覆有杏仁膏或翻糖膏），（第213页）。使用奶油霜而非蛋白糖霜将蛋糕层固定在一起。

3 冷藏30分钟使奶油霜固定蛋糕层。

4 同时，将2千克干佩斯调色至与花朵同色。用密封袋包住糖膏，以防止糖膏变干。

5 将蛋糕置于不黏转台上，将锯齿刀贴紧蛋糕底座，将蛋糕边缘切成锥形。（图5和图6）

6 将杏仁膏塑形成一个锥形，使用奶油霜将其黏在蛋糕顶部。

7 将蛋糕置于直径比底层蛋糕大5厘米的盘子或蛋糕底座上。

8 在蛋糕表面涂抹厚厚一层奶油霜。

9 在杏仁膏表面撒上一层糖粉，将其擀至5毫米厚，至足够覆盖整个蛋糕的大小。（图7）

10 用大擀面杖将杏仁膏覆盖在圆锥形蛋糕表面（图8）。

11 去除多余的杏仁膏（图9），在室温下放置过夜。

12 在杏仁膏表面刷上伏特加或冷开水，然后将着色的翻糖膏擀至5毫米厚。将翻糖膏覆盖在蛋糕上，与覆盖杏仁膏步骤相同。

13 将剩余干佩斯擀至3毫米厚，用其覆盖蛋糕卡片（第212页）。

14 放置过夜以晾干。

装饰蛋糕

将剩余的白色蛋白糖霜涂抹于在蛋糕卡片中心，将其黏在锥形蛋糕顶部。

在糖膏仍然柔软可弯曲时，用蛋白糖霜将花朵黏在蛋糕上。从锥形底部开始，一层一层地逐行依次向上搭建。

白兰花

白兰花的美是永恒、优雅、精致的，它们的吸引力似乎从未减弱。在数百种兰花中，我选择了三个品种，每一种都有其独特的魅力。

新加坡兰花

原　料

制作6朵新加坡兰花和8枝花蕾：

约250克白色干佩斯

防黏白油

食用色膏（绿色）

食用色粉（柑橘绿、淡黄色）

食用胶水

2根白色24号仿真花枝铁丝，每根切成3段

2根白色26号仿真花枝铁丝，每根切成4段

1根白色20号仿真花枝铁丝

尼罗绿色花纸胶布

1个晾花架

工　具

基础工具（第11页）

新加坡兰花模具套组

兰花花瓣"V"形纹路压模

长笛茎脉塑形棒

骨形塑形棒

脉纹塑形棒

花瓣塑形棒

画笔

钢丝剪刀

镊子

制作过程

首先需要将一个直径10厘米的蛋糕，覆盖上杏仁膏和淡绿色的翻糖膏，并在底边系上15毫米宽的柠檬绿色缎带进行装饰。将蛋糕放在一个直径15厘米的蛋糕底托上，覆盖上淡绿色的翻糖膏。

1 每朵兰花由一个花蕊和一个五片花瓣组成。

2 将白色干佩斯揉至光滑、柔软，如果感觉干佩斯黏稠，加入少量防黏白油。将干佩斯放在密封袋中或使用保鲜膜将其包裹起来以防止其变干。

制作新加坡兰花

1 用白色干佩斯制作6个直径约3毫米的小球，用来制作花蕊。

2 一次一个，将球的放在手掌上，并滚成泪珠状。将24号仿真花枝铁丝的末端浸入食用胶水中，然后将其推入"泪珠"的尖端。

3 把它放在海绵垫上，用长笛茎脉塑形棒的薄端对泪珠状小球进行黏合（图1）。

4 重复以上步骤制作其余5个球的形状，将他们放置过夜干燥。

5 在多孔不黏海绵板铺上一些白色干佩斯，选择适当大小的洞口尺寸，需适合下一步制作的墨西哥帽。

6 从新加坡兰花模具套组中选择喉管形模具，在带有墨西哥帽的干佩斯之间切出3个小花瓣（图2）。

7 切出花瓣的形状，将其放在多孔不黏海绵板上，这样墨西哥帽就固定在一个洞里了。使用骨形塑形棒，将花瓣较小的部分（图3）轻轻用力舒展，然后将工具从边缘向中间移动，使边缘有褶皱。

8 将玉米淀粉轻轻地撒在海绵板上，然后将墨西哥帽反面下放在板上。使用防黏棒的一端来给蕊柱下方的边缘做装饰（图4）。

9 用手指轻轻捏住花瓣，将最细的防黏棒锥形端推入墨西哥帽的中部。

10 将一个花蕊由墨西哥帽的中心点穿过（图5），然后在中央和蕊柱的上部周围刷一点食用胶水，把花瓣推到花蕊周围，晾干几个小时。

11 将剩余的花蕊重复这个过程制作，再做5个兰花蕊柱。等到干燥，用柑橘绿和淡黄色食用粉（图6）的刷子刷花瓣和花瓣内部。

12 在多孔不黏海绵板上擀开一些白色干佩斯，选择最大号洞孔的海绵板。用兰花模具在墨西哥帽顶上，刻出一个主瓣花形。

13 用防黏棒在泡沫板上轻轻舒展花瓣边缘，使花瓣的面积变大（图7）。

14 使用兰花花瓣"V"形纹路压模，对花瓣进行整形（图8）。

15 将兰花放回海绵泡沫板上，并用长笛茎脉塑形棒的薄片刻划每片花瓣的背面，从花瓣尖端到中心（图9）。

16 翻转花瓣，将其握在手中。使用长笛茎脉塑形棒抵住花的中心点，轻摁使花瓣向中心微微靠拢。

17 将食用胶水涂抹在花瓣中央及其周围的区域，然后从顶部将花瓣由中心点穿过（图10）。花瓣的尖端应正好处在2个尖瓣连接的上方（图11）。

18 将兰花的铁丝穿过多孔泡沫晾花花托，使花瓣有固定的支撑，以便花瓣定型。将其放置干燥过夜。

19 重复以上步骤，制作剩下的5朵兰花。

制作花苞

1 把剩下的白色干佩斯与淡绿色食用色膏混合，做出8个直径约6毫米的椭圆形花苞。在26号仿真花枝铁丝的一端抹上食用胶水，纵向将其推入花蕊中。

2　使用长笛茎脉塑形棒将花苞的两侧分割成4个相等的部分（图12）。

3　用镊子在花苞顶端掐出一个小尖（图13）。

4　重复以上步骤制作剩下的7个花苞，放置干燥过夜。

5　晾干后，在花蕊上刷一层薄薄的柑橘绿及淡黄色食用色粉（图14）。

保持花朵色泽

由于花的柔软度不同，建议将花瓣和花苞分开蒸，然后再将它们组装在一起，利用水蒸气将每朵花瓣和花苞蒸制约3秒，以保持其色泽，并给与丝绸般的光泽。放置几分钟晾干。

装饰花束

1　将每一朵兰花和花蕊的根部都先单独用绿色的花纸胶布缠好（图15）。

2　取白色的20号仿真花枝铁丝，在该线上方约1厘米的地方放置一个花苞，用绿色的花纸胶布将它们缠绕起来。每2.5厘米加一个花苞，每个花苞间隔1～2厘米使其能明显被看见，并且每5厘米添加一朵兰花（图16），左、右两侧枝干交替放置。

3　添加最后一朵兰花时，用胶布扎住铁丝的末端，用剪刀剪掉多余铁丝。

装饰蛋糕

用花夹将花瓣放置在蛋糕上，然后将花束末端的铁丝推入蛋糕中，必要时用镊子调整兰花和花蕾的位置。

蝴蝶兰

原　料

制作8朵蝴蝶兰和6个花苞：
约500克白色干佩斯
防黏白油
食用色膏（淡绿色、酒红色）
食用色粉（柑橘绿、淡黄色、紫红色）
食用胶水
3根白色24号仿真花枝铁丝，每根切成相同的3段
2根白色26号仿真花枝铁丝，每根切成相同的4段
1根白色20号仿真花枝铁丝
尼罗绿花纸胶布
少量伏特加
1个晾花架

工　具

基础工具（第11页）
蝴蝶兰模具
兰花花瓣"V"形纹路压模
镊子
长笛茎脉塑形棒
骨形塑形棒
脉纹塑形棒
防黏棒
钢丝剪刀
宽画笔
细画笔
仿真泡沫蛋糕

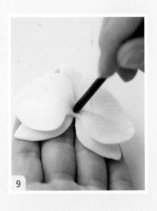

手作翻糖花卉技艺

制作过程

首先需要一个由以下材料组成的双层蛋糕：1个直径10厘米，高10厘米的圆形蛋糕（顶层）；一个边长15厘米，高10厘米的方形蛋糕（底层）。蛋糕上覆盖着杏仁膏和淡绿色的翻糖膏，并在蛋糕底部系上15毫米宽的柠檬绿色缎带做装饰。蛋糕放在边长23厘米的覆盖着淡绿色的翻糖膏的方形蛋糕底座上，并系上15毫米宽的柠檬绿色缎带做装饰。

1 每朵兰花是由1个含有铁丝的花茎和中心的花蕊、1朵花萼和2片花瓣（使用双瓣模具）组成的。

2 将白色干佩斯揉至光滑、柔软，如果感觉干佩斯黏稠，可加入少量防黏白油。将干佩斯放在可密封袋或包裹在保鲜膜中，以防止其变干。

制作蝴蝶兰

1 将24号仿真花枝铁丝的一端弯成一个开口钩。

2 制作兰花的唇瓣，在最大号的多孔不黏海绵板上擀薄一些干佩斯。

3 将擀好的干佩斯翻面，将蝴蝶兰模具中的唇瓣刻模放置在干佩斯上，两片花瓣的中心点是墨西哥帽顶，确定位置后刻出花瓣（图1）。

4 将唇瓣放到海绵垫上（图2），然后用骨形塑形棒将边缘修饰变薄（图3）。

5 用手指保持唇瓣的形状，用脉纹塑形工具在墨西哥帽的中心略微挤压，制作出一个凹形小孔。

6 在加工过的铁丝弯钩位置和唇瓣中心刷少量食用胶水，将一根24号仿真花枝铁丝穿过墨西哥帽中心点（图4），将挂钩固定在糖膏上。

7 捏紧帽顶的糖膏使其紧贴在花枝铁丝上，并轻轻揉薄，完整包裹花枝铁丝的顶端。

8 使用脉纹塑形工具卷起唇瓣的长尖端（图5）。

9 将铁丝穿过多孔泡沫晾花花托，使花茎处于倾斜状态（图6），并将花托放置在碗或塑料容器上以便给铁丝留出空间，然后放置晾干过夜。

10 重复这个过程，制作余下的7朵兰花唇瓣。

11 制作小花苞，使用白色干佩斯，制作8个直径约4毫米的球。

12 将它们做成椭圆形，然后用防黏棒的细端沿着长度方向将中间做出凹槽。放置风干一夜。

13 一旦干燥，将淡黄色的色粉刷在唇瓣包裹的花苞和花瓣边缘。

14 使用画笔给唇瓣画上线条，中间到侧面花瓣沿着上部花瓣的边缘刷上紫红色色粉。

15 将每个唇瓣中间刷上食用胶水，然后把小花苞黏在里面（图7）。放置在多孔泡沫晾花花托上晾干。

16 制作侧萼瓣（3瓣窄的花瓣）和中萼瓣，将使用更多的干佩斯，在一个大号多孔不黏海绵板进行花萼制作。

17 在墨西哥帽工具中心用3瓣花瓣模具（制作侧萼瓣）和双花瓣模具（制作中萼瓣）切出形状。

18 将侧萼瓣和中萼瓣的边缘用防黏棒做出一定程度的碾薄舒展（第218页）。

19 用兰花花瓣V形纹路压模对兰花的每片花瓣整形（图8）。

20 将食用胶水刷在蝴蝶兰侧萼瓣和中萼瓣的接触点上。

21 为了将花的两部分更好的黏在一起，用画笔尾端将花瓣中心（图9）一起推下，然后将其放置在多孔泡沫晾花花托上（图10）大约15分钟，直到花干燥。

22 重复以上过程制作完成剩下的7片兰花萼瓣。

23 用一滴伏特加稀释少量酒红色食用色膏，制成液体涂料。用一个小的宽画笔（图11）将颜料涂抹在合蕊柱上。

24 在萼瓣中心刷一层薄薄的食用胶水，把合蕊柱黏在中间（图12）。

25 沿铁丝用糖膏做出一根长长的茎，将兰花穿过多孔泡沫晾花花托，垫在碗或塑料容器上，以便为下面的铁丝提供空间。

26 重复制作剩下的7个萼瓣组合体，放置干燥过夜。

制作花芽

1 把剩下的干佩斯和淡绿色食用色膏混合，制作出6个直径约6毫米的球，然后搓成椭圆形。

2 将26号仿真花枝铁丝的一端抹上胶水，纵向将其推入小球中。

3 使用刀形塑形棒，将花芽分割成4个相等的部分，用镊子将花芽顶端掐出小尖，重复制作剩下的7个芽，放置干燥过夜（第142页图12～图14）。

4 一旦干燥，将花芽上刷上柑橘绿、淡黄色的色粉。

保持花朵色泽

　　由于花的柔软度不同，我建议将兰花和花芽分开蒸，然后再将它们组装在一起，利用水蒸气将每朵兰花和花芽蒸制约3秒，以保持其色泽，并给与其丝绸般的光泽。然后放置几分钟晾干。

装饰花束

1 将每一朵兰花和花芽的根部先单独用绿色的花纸胶布缠好。

2 取白色的20号仿真花枝铁丝，在该线上方约1厘米的地方排列一个花芽，用绿色的花纸胶布将它们缠绕起来。每2.5厘米加一个芽，每隔1～2厘米的地方使芽能被明显看见，并且每5厘米添加一朵兰花，左、右两侧枝干交替放置。添加到最后一朵兰花时，用胶布扎住铁丝的末端，用剪刀剪掉多余铁丝尖端。

装饰蛋糕

　　用花夹将花瓣放置在蛋糕上，然后将花束末端的铁丝推入蛋糕中，必要时用镊子调整兰花和花芽的位置。

白色卡特兰花

原　料

制作一束6朵的卡特兰花：
约400克白色干佩斯
防黏白油
食用色粉（淡黄色）
食用胶水
3根白色24号仿真花枝铁丝，每根切成相同长度的2段
6根白色26号仿真花枝铁丝，每根切成相同长度的5段
白色花纸胶布
1个晾花架
玉米淀粉

工　具

基础工具（第11页）
卡特兰花模具
叶子纹路压模
脉络板
长笛茎脉塑形棒
骨形塑形棒
花瓣塑形棒
镊子
钢丝剪刀
多孔泡沫晾花花托
仿真泡沫蛋糕

制作过程

首先你需要一个直径10厘米、高10厘米的圆形蛋糕，覆盖着杏仁膏和淡绿色翻糖膏，底部系上15毫米宽的柠檬绿色缎带装饰边缘。蛋糕放置在一个直径15厘米的蛋糕底托上并且覆盖着淡绿色的翻糖膏。

1. 将白色干佩斯揉至光滑柔顺，如果感觉干佩斯黏稠，加入少量防黏白油。将干佩斯放在密封袋中或包裹在保鲜膜中以防止其变干。
2. 每朵卡特兰由一个带有唇瓣与花苞的合蕊柱、褶皱的中萼瓣和有尖的侧萼瓣组成。

制作合蕊柱

1. 首先需要用白色干佩斯制作6个直径约7毫米的小球。
2. 将每个球揉成一个圆锥体，将24号仿真花枝铁丝的末端浸入胶水中，并将其从尖端推入圆锥体的三分之一处。重复制作其余5个球。
3. 将锥体小球依次放在海绵垫上，并用骨形塑形棒由小球的中心开始向前端挤压（图1）。
4. 轻轻捏住合蕊柱的底部，用镊子捏住花梗顶部（图2）。由背面的尖端开始，沿着中心捏合，形成一条分界线。
5. 重复以上步骤，制作其余合蕊柱，放置干燥过度。

制作唇瓣

1. 将一些白色干佩斯擀至约1毫米厚度，用蝴蝶兰模具中带有凹槽的刻模，刻出所需的唇瓣。
2. 将刻好的唇瓣放置海绵垫上，用长笛茎脉塑形棒在唇瓣上压出中心线（图3），再用防黏棒将唇瓣边缘碾薄（图4）。
3. 将唇瓣移动到另外一块撒过玉米淀粉的垫子上，然后使用脉络塑形棒对唇瓣边缘进行修饰（图5）。
4. 将食用胶水刷在唇瓣的底部，然后将花瓣折叠黏在合蕊柱的背面（图6）。唇瓣的边缘应与合蕊柱相交并稍微重叠。
5. 将弯曲褶皱的唇瓣轻轻舒展开，使唇瓣与花梗之

间产生一定的空隙。而后利用合蕊柱尾端的铁丝固定在仿真泡沫蛋糕上，干燥过夜。
6. 重复上述步骤，制作剩余的唇瓣。

制作中萼瓣

1. 取一部分白色干佩斯放置在仿真花茎板上，擀薄约1毫米厚度。
2. 将擀好的干佩斯翻面，使用模具中的橄榄型刻模，刻出花瓣（图7）。
3. 将花瓣放在海绵垫上，26号仿真花枝铁枝的一端蘸上食用胶，然后将其插入花瓣茎脉较厚的位置。
4. 将花瓣翻过来后，使用兰花花瓣V形纹路压模，在花瓣上压出纹路线条（图8）。
5. 在垫子上筛上一层薄薄的玉米淀粉，然后将花瓣放在垫子上，有纹路的一面朝下。然后用防黏板对花瓣边缘碾薄（图9）。
6. 沿着仿真花枝铁丝捏住花瓣的底部。
7. 用手指按住花瓣底部附近的仿真花枝铁丝，将裸露的铁丝向上弯曲（图10）。
8. 把花瓣放置在多孔泡沫晾花花托上干燥过夜（图11）。
9. 重复上述步骤对剩余的11瓣花瓣进行制作。

制作侧萼瓣

1. 根据中萼瓣的制作图进行制作，但是需要使用更大一号的橄榄型刻模。
2. 在食用兰花花瓣"V"形纹路压模，压出纹路线条后将花瓣翻面。使用长笛脉络塑形棒的细端沿着花瓣的中间划出一条线（图12）。
3. 将花瓣底部的仿真花枝铁丝夹紧，然后根据图10中的操作，将铁丝弯曲。再将花瓣放在多孔泡沫晾花花托上（图13）干燥过夜。
4. 重复上述步骤制作剩余的17瓣侧萼瓣。

装饰花瓣

用樱花草色色粉刷一下唇瓣内侧，只需刷底部及中间，颜色由内至外逐渐变淡（图14）。

装饰花束

1 将唇瓣固定在合蕊柱的6点钟位置，然后将两瓣中萼瓣分别固定合蕊柱的10点钟和2点钟位置（图15）。确定好位置之后，使用白色的花纸胶带把它们固定在一起。

2 在合蕊柱的8点钟和4点钟位置分别添加一片侧萼瓣，在12点钟位置添加第3瓣侧萼瓣（图16）。确定好位置之后，使用白色的花纸胶带把它们固定在一起。并将整根铁丝缠绕上花纸胶带。

保持花朵色泽

每朵兰花和花蕊用水蒸气蒸制约3秒，以保持其色泽，并给与其丝绸般的光泽。

装饰蛋糕

将兰花缠在一起形成一束，使用花夹将花束放在蛋糕的顶部中心。

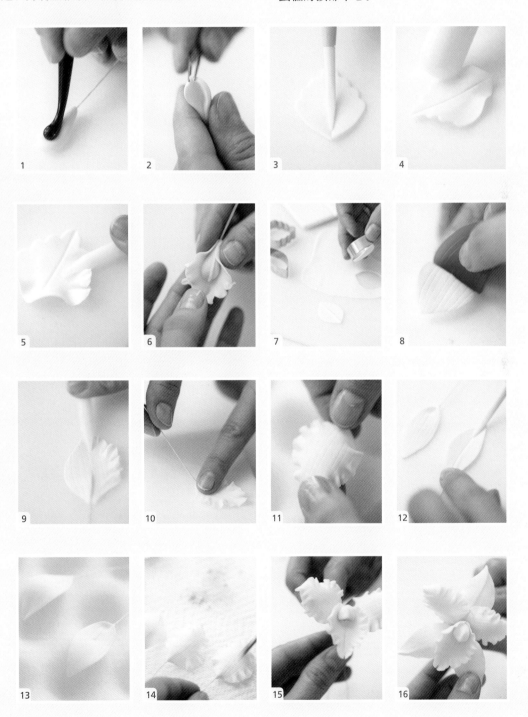

红色银莲花

这朵花的灵感建立在白色的法国银莲花基础上。用粉色色粉为裸色花瓣进行修饰，营造出别致的巴黎风情，而墨色中心则为这款设计带来奢华感。

原　料

制作2朵银莲花：

大约250克干佩斯

防黏白油

食用色膏（特浓黑色、暗粉色、象牙白色）

食用色粉（黑色，象牙白色和暗粉色）

食用胶水

1束小型黑色圆头花蕊

1茶匙粗粒小麦粉

6根白色26号仿真花枝铁丝，平均分成4段

1根白色24号仿真花枝铁丝，对半剪开

1根白色22号仿真花枝铁丝，对半剪开

白色花纸胶布

工　具

基础工具（第11页）

小号及大号银莲花花瓣模具

硅胶银莲花花瓣纹路模具

叶子纹路压模

镊子

骨形塑形棒

钢丝剪刀

画笔

仿真泡沫蛋糕

多孔泡沫晾花花托

2个花签

制作过程

首先需要一个圆形维多利亚海绵蛋糕，直径15厘米、高10厘米，覆有粉色奶油霜。为了体现蛋糕的圆形边缘，可使用一个多边刮板制作第二层糖衣。

1　将白色干佩斯与少量防黏白油混合，揉捏至光滑可塑形。

2　将50克干佩斯与特浓黑色食用色膏混合制成黑色干佩斯，剩余的干佩斯与一点象牙白色和暗粉色食用色素混合，调至浅裸色。

制作银莲花花芯

1　使用黑色干佩斯，制作两个直径约9毫米或榛子大小的球形。

2　用镊子将22号仿真花枝铁丝的一端弯成开口钩状。

3　将钩子在食用胶水中蘸一下，将其推入黑色球形干佩斯并粘牢（图1）。

4　将粗粒小麦粉与少量黑色食用色粉混合，转移至调色盘或小盘子里。

5　在黑色球形干佩斯表面刷上薄薄一层食用胶水，将其在粗粒小麦粉中蘸一下，转动干佩斯使其完全裹上小麦粉（图2）。

6　将铁丝推进泡沫蛋糕中，放置过夜以晾干。

7　将黑色圆头花蕊分成两半。将24号仿真花枝铁丝的一端弯成开口钩状，将一束花蕊缠绕在铁丝周围。

8　将花蕊推起至铁丝两端（图3），将其聚拢在顶部。

9　用花纸胶布将花蕊绑住（图4），将防黏棒的尖头推入中心，以形成一个凹陷。

10　当黑色球形干佩斯干燥后，将其插入花蕊的中心（图5），使花蕊均匀的在其外部分散开。

11　用白色花纸胶布将铁丝捆住，将铁丝紧密地包裹住花蕊底部，以固定花蕊位置。

制作银莲花花瓣

1　制作一朵银莲花，需要6片小号花瓣及6片大号花瓣，制作2朵花一共需要24片花瓣。

2　在叶子纹路压模上将部分裸色干佩斯擀至非常薄。几乎能透过干佩斯看到脉络。

3　将干佩斯翻过来，用骨形塑形棒较厚的一端在花瓣模具顶部将干佩斯切出花瓣的形状（图6）。

4　将花瓣置于海绵垫上，用防黏棒将边缘擀薄。

5　将26号仿真花枝铁丝的末端蘸取食用胶水，并将三分之一推进叶脉中。

6　将花瓣翻过来，只按压硅胶花瓣纹路模具顶部以得到浮雕效果（图7）。

7　用骨形塑形棒将花瓣边缘制成轻微的弧形。

8　将塑形棒的薄端从花瓣底部划至顶端，以制作中心脉络（图8）。

9　按压铁丝以去除花瓣底部多余的干佩斯。

10　用竹签使花瓣边缘卷曲（图9）。

11　将花瓣置于多孔泡沫晾花花托上，将铁丝向下推成凹陷的弯曲状。

12　重复以上步骤制作剩余花瓣，放置过夜以晾干。

银莲花上色

用画笔给银莲花花瓣涂上暗粉色和象牙白的混合食用色粉，由下至上，由边缘至中心上色（图10）。

保持花朵色泽

用水蒸气蒸银莲花花瓣几秒钟以固定着色并赋予其绸缎般的光泽。

组合花瓣

1　将花瓣的铁丝向下弯曲至90°。

2　将3片小号花瓣均匀地排列在花芯周围，将其捆在花茎上（图11），并将另外3片小号花瓣交错排列。

3　将6片大号花瓣在外层一片一片和小号花瓣交错排列，将每一片花瓣都固定在相应的位置上（图12）。将整个花朵固定在花茎上，用剪刀修剪末端。

4　重复以上步骤制作第二朵花。

5　使用花夹放置每个花茎，并将其黏在蛋糕上。

复古花朵

这款花型设计自从欧式复古风格婚礼风潮兴起后，一直是新娘们的首选。美丽的淡粉色玫瑰和浅绿色绣球组合，营造出一种柔和浪漫的氛围。

原　料

制作一朵盛开的玫瑰花，一朵含苞待放的玫瑰花，一大一小2个花蕾，
约20朵绣球花和20朵中号和20朵小藤花：

约1千克白色干佩斯

食用色膏（暗粉色、醋栗色、苔绿色）

食用色粉（暗粉色，茄紫色、柑橘绿）

防黏白油

食用胶

白色、尼罗绿色花纸胶布

少量硬性发泡的糖霜（第215~216页）

2大，1中，1小仿真泡沫花蕾（用于制作花芯）

4条22号仿真花枝铁丝（玫瑰）

3条26号仿真花枝铁丝，剪成三等份（叶）

14条26号仿真花枝铁丝，剪成三等份（千金子藤）

7条26号仿真花枝铁丝，剪成三等份（绣花球）

工　具

基础工具（第11页）

小型、中型和大型的玫瑰花模具

中型、大型玫瑰花萼模具

玫瑰叶子模具套组

玫瑰叶子纹路模具

小型、中型千金子藤模具

绣球花模具

绣球花瓣纹路压模

美工剪刀

镊子

骨形塑形棒

长笛茎脉塑形棒

画笔

直径6厘米半球形硅胶模具

仿真泡沫蛋糕

大号杯子蛋糕纸质底托

裱花袋

制作过程

首先需要一个直径15厘米，高15厘米的圆形蛋糕，包裹上杏仁膏和白色翻糖膏。用两条不同颜色的缎带装饰这个蛋糕：一条25毫米宽的浅粉色缎带；另一条15毫米宽的浅紫色缎带。在蛋糕边缘用蛋白糖霜点缀微小的圆点。

制作玫瑰和花芯

1 在每个仿真泡沫花苞的底部，用一个竹签穿一个孔。

2 用22号仿真花枝铁丝穿过每一个仿真泡沫花苞的中心，把仿真花枝铁线缠绕在花苞底部。

3 把仿真花枝铁线缠绕在一起做成花茎，并确保花瓣和仿真花枝铁线之间没有空隙。

4 把400克白色干佩斯和暗粉色食用色膏混合在一起，然后用擀面杖把糖膏擀成约1毫米厚。

5 选取适合修剪泡沫花苞的剪刀尺寸；花苞需要适合修剪花瓣内侧的修剪花瓣的剪刀。我用小剪刀匹配小号和中号花苞，中等的剪刀匹配大号花苞。给每个花苞剪出花瓣。

6 用防黏棒将花瓣放在海绵垫上并略微舒展（第218页）。花瓣的边缘会变得有一些卷曲。

7 把花瓣翻转过来，刷上一层薄薄的食用胶。

8 把花瓣贴合在仿真泡沫花苞上，花苞的尖端应该放置在花瓣中心，并且在花瓣边缘5毫米左右。

9 将花瓣的左边缘包裹住花苞，顶部捏合，然后包裹花瓣的右边缘。

10 用花瓣包裹后的花苞应该是完全封闭的，只有花瓣的右边缘微微张开（图1）。

11 把贴好一片花瓣的小花苞放在一边。重复以上步骤为其花苞做三片以上花瓣。这一次，用刷子以

"V"字形给每一片花瓣左边缘底部三分之二和右边缘蘸食用胶。

12 在贴第二片花瓣之前，在泡沫花苞上的第一片花瓣的下端刷上食用胶（图2）。

13 把花苞放置并黏合在第二片花瓣中心，花苞的尖端应该距花瓣顶端大约5毫米下面（图3）。

14 把花瓣左边缘向下折叠，将花瓣右缘微微张开。

15 顺时针旋转玫瑰花蕾，把第二片花瓣中部和前一片黏在一起，花瓣左边缘向下折叠，让右边缘张开。

16 贴上第三片花瓣，把第三片花瓣的一半藏在第二片花瓣右边缘下面（图4）。

17 保证这三片花瓣相隔均匀地分布在同一层，并且处于相同水平高度（图5）。

18 用竹签，把每一片花瓣打开的右侧折叠回去（图6）。要完成这个步骤最好的方法就是利用手指把花瓣裹在竹签上。

19 竹签也要保持平稳把花苞尖端卷出好看的形状；不然玫瑰花会显得很松散。

20 等到你把所有花瓣的右端折叠回来以后，重复左端。注意在这过程中竹签不要戳破花瓣。

21 轻轻地揉捏每片花瓣的顶部，使它变得像真花一样柔软。

22 把完成贴了4片花瓣的仿真泡沫花苞放在一边。使用同样的手法给剩余的2朵玫瑰各做5片以上的花瓣。

23 一旦做好了花瓣（图7），用竹签把边缘和顶部边缘折叠回来。轻轻地捏住花瓣的边缘（图8）。

24 给每片花瓣以"V"字形刷上食用胶（图9），然后把新做的第一片花瓣贴到花苞上去，放置一段时间让它们黏合在一起，这时可以调整花瓣的位置，把它调整到和前一层同样的水平高度（图10）。

25 用相同的方式安放剩余的四片花瓣，左侧的花瓣压在右侧花瓣下面。

26 让花瓣晾干到理想的状态需要放置一晚上的时间。

27 为了能做出花朵盛开的样子，需要揉出更多的干佩斯。用更大的剪玫瑰花剪刀，剪出7瓣花瓣。

28 和步骤8一样，把边缘花瓣卷起来，把边缘折回来，把角捏出来。

29 把它们放置在多孔泡沫晾花花托上，这时候花瓣将向外舒展，花瓣边缘是弯曲的。让花瓣固定成型，直到它们看起来很坚硬。

30 同时，做9片花瓣作为盛开的玫瑰花的最外层。把两侧卷曲的花瓣放置在半球形硅胶模具上。它们应该比上一层的花朵舒展得更自如。

31 等第27步中制作的7片花瓣都固定好了以后，把它们从多孔泡沫晾花花托上拿下来，给每一片花瓣底部以"V"字形刷上食用胶（图10）。

32 和先前一样，先放置第一片花瓣，把它放得比前一层略低。（图11）

33 把玫瑰花翻转过来，因为这样可以更容易将花瓣黏上，从花朵底部黏上剩余6片花瓣（图12）。以相同的方式将花瓣黏合起来。

34 检查玫瑰花朵，标准玫瑰花是从顶部开始就看起来平滑，如果有必要，调整花瓣，让花瓣颠倒过来，放在柔软的物体表面30分钟，例如泡沫蛋糕。

35 以相同的方式放置最后一层的9片花瓣，让它们尽可能低于前一层，并且每一片花瓣的尾部都接触到铁丝。

36 让玫瑰花倒置15分钟，然后把它翻过来并放在大号杯子蛋糕纸质底托上，让它完全干硬。这会让花瓣绽开一些，但不至于脱落（图13）。

制作花萼

1 制作花萼，要把苔绿色食用色膏和白色干佩斯混合在一起，然后把它擀成1毫米厚。

2 给花苞刻出2片中等大小的花萼，2片大花萼给含苞待放的玫瑰花和盛开的玫瑰花刻出2片大号花萼。用美工剪刀给每一片花萼的边缘剪出一条缝（图14）。用骨形塑形棒把花萼弄宽弄薄（图15）。

3 把花萼翻转过来，刷上食用胶。拿起一片中号花萼，把仿真花枝铁丝从它的中心纵向穿过（图16）。

4 向上弯曲花萼，把它们贴在花瓣边缘。确保完全覆盖玫瑰花蕾下端所有不整齐的地方。

5 重复以上步骤为所有玫瑰花瓣贴上花萼。

制作玫瑰花叶

1 需要制作三组叶子，每组由一片大号叶子和两片中号叶子组成。

2 在花茎板上刻出绿叶，用长笛茎脉塑形棒在叶子中间划出叶脉。

3 刻出三片大号叶和六片中号叶子。将叶子放在泡沫板上，叶脉朝上。

4 从叶子尾部斜插入蘸着胶水的26号仿真花枝铁丝，到叶子的三分之一处（图17）。

5 把玫瑰花叶放在玫瑰叶子纹路模具中，推压叶子，使它成型（图18）。然后把叶子放在多孔泡沫晾花花托上，等它干硬（图19）。

6 重复以上步骤制作所有叶子，然后至少晾12小时。

修饰玫瑰花

1 用一支画笔，给玫瑰花瓣边缘和花蕾，刷上粉红色的食用色粉（图20）。

2 用柑橘绿色食用色粉从边缘开始到中央，给叶子上粉（图21）。混合茄色食用紫色粉，然后给叶子边缘添色。轻轻地给花萼刷上柑橘绿色食用色粉；注意不要把粉色的花瓣弄脏了（图22）。

组合花卉

1 将大号叶子距顶部1厘米左右的铁丝缠上尼罗绿色花纸胶布（图23）。

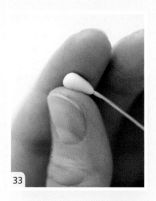

2　把三片叶子明显地翻转90°，指向右边，三片叶子指向左端。

3　把两个小叶子分别放在大叶子两侧，与其同样高。用尼罗绿花纸胶布把这三根铁丝缠绕固定（图24）。

4　增加绳子缠绕金属线的宽度，然后把较小的叶子的金属线向下拉使金属线露出的部分掩藏起来（图25）重复，直到完成三组树叶。

5　把玫瑰花瓣、玫瑰花苞缠绕起来（图26），然后缠绕花苞，两组叶子和半开的玫瑰花，喷上色粉（图27和图28）。把剩余的叶子绑到大玫瑰的茎上。

制作千金子藤

1　用镊子将26号仿真花枝铁丝的一端弯成张开的钩子。

2　将150克白色干佩斯揉至柔软可塑。揉搓出细长的面团，用模具切出所需的图案。剪出藤蔓和花朵的形状（图29）。

3　把刻下的糖膏放在海绵垫上，用基础工具宽的一头，把花瓣卷曲向上。

4　钩子蘸取食用胶，然后推动仿真花枝铁线，把钩子黏到上一步骤糖膏中（图30）。

5　沿着仿真花枝铁丝，捏塑糖膏，做出长长的颈部。

6　在海绵垫上放上颠倒的花朵，由边缘向中间使用基础工具，重塑花瓣。（图31）

7　继续做20个中型的和20个小型的花朵，放置晾干一整夜，使它们干硬。把糖霜放进裱花袋，在千金子藤花中间挤一个小圆点（图32）。

8　使用白色的胶布，把藤蔓绑在一起，呈一束（为放置大小相同的花朵用）。

制作绣球花

1　食用醋栗色膏和150克干佩斯混合。如果干佩斯太干且黏，可加入少许防黏白油。糖膏装入密封袋中，防止面团风干，下次要用时再打开。

2　将少量的糖膏揉成细细的香肠状，分成20个直径为3毫米的球状，作为绣花球的花芯。

3　把每个球做成泪滴状。在26号仿真花枝铁丝底部蘸上食用胶水，将它推入泪滴球里。（图33）

4　把泪滴球上半部分捏圆，然后使它顶部平坦（图34）。用基础工具，划分四等分线。将它嵌入泡沫蛋糕，晾一晚。

5　一旦绣球花芯变干，在一块大的海绵垫上将一块糖膏擀薄。在模具中间用绣球刀切割花朵（图35）。

6　按压绣球花花瓣"V"型纹路压模，注意不要太用力（图36）。给绣球花刷上食用胶，同时把花芯推入海绵垫的中心点（图37）。

7　轻推，使花朵和花芯紧靠。在海绵垫上倒置花朵，等它晾干（图38）。重复制作绣球花的步骤。

8　等它干后，给花瓣和叶子刷上暗粉色和柑橘绿色的色粉（图39）。用花线把三朵绣球花绑在一起（图40）。

保持花朵色泽

利用水蒸气蒸玫瑰花、叶、绣球花，约3秒钟，使它们获得丝绸般的光泽。

装饰蛋糕

1　可以把所有的花绑在一起做成一束花，然后用镊子把它推到蛋糕顶部的中心，或者可以把花单独插在蛋糕里。在插进蛋糕之前先把仿真花枝铁丝插进塑料花签中。

2　等花束插入蛋糕后，用镊子把花和绣球花摆出漂亮的造型。

樱花

这款蛋糕象征春天，
用盛开的翻糖樱花点缀每一块蛋糕。

原　料

制作1枝有5朵大号、5朵中号和5朵小号的樱花，5个花苞和5片叶子的樱花枝：

150克白色干佩斯

防黏白油

食用色膏（深红色）

食用色粉（紫红色、柑橘绿色）

食用胶水

白色圆形小花蕊

7根28号仿真花枝铁丝，切成4段

20号白色仿真花枝铁丝

棕色花纸胶布

工　具

基础工具（第11页）

3组樱花花瓣模具

樱花"V"型纹路压模

15毫米×35毫米多用叶形模具

迷你"V"型纹路压模

镊子

塑料花管

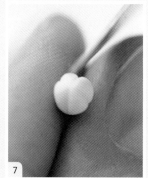

制作过程

需要制作一个双层蛋糕，上层蛋糕为直径10厘米、高10厘米，下层蛋糕直径15厘米、高10厘米。用杏仁膏和象牙色翻糖膏包裹。底层置于一个覆盖着象牙色翻糖膏、边缘装饰有15毫米宽的象牙色珍珠缎丝带的直径23厘米的圆形蛋糕托上。

制作171页所示的蛋糕，需要三层浓郁黑巧克力蛋糕（第200页）制成的直径15厘米的蛋糕层，三层叠在一起，在顶部抹上粉色香草奶油酱（第202页）。

1 每一枝樱花由大、中、小三朵樱花、花苞及叶子组成。可以把它们组合起来搭配蛋糕，但是我建议做几个不均匀的花枝：每枝上有大小不同的樱花3~5朵。额外的花朵和小花簇也十分有用，可以用来填补空缺或者点缀在蛋糕上。使用下述方法作为开始，按照你的要求估测樱花枝的数量。作为示例，我用了6个花枝装饰双层蛋糕。

2 取100克白色干佩斯和少量深红色色膏来制作粉色干佩斯，混合剩下的50克白色干佩斯和醋栗色膏以制作浅绿色干佩斯。用密封袋包裹干佩斯，放置15分钟。

制作花枝主干

1 用镊子将28号仿真花枝铁丝末端弯折成一个小开口钩状。

2 取3束花蕊，将它们集中在中间并裹进钩中，并弯折起来（图1），紧紧闭合钩子使花蕊固定。重复以上步骤制作另外14组花蕊。

3 用花纸胶布把每个花枝铁丝和花蕊底部包裹起来（图2），用紫红色食用色粉给花蕊上色直至其呈樱粉色（图3）。

制作樱花花朵

1 将一条粉色干佩斯擀开至1毫米厚。把干佩斯翻面，将樱花花瓣模具放在干佩斯中心，切出花瓣（图4）。

2 将花放置在樱花"V"型纹路压模中，花模贴面朝下，放置在樱花V型模具下半区中。确保花朵的中心与模具中对应准确（图5）。

3 把樱花"V"型凿放在模具上方，轻轻的压边，避免压坏弧形。如果干佩斯黏在了"V"型凿上，可薄薄的涂抹一层防黏白油。

4 将花朵从压模中取出，放置几分钟。

5 取一个之前做好的花枝主干，将食用胶刷在棕色花纸胶布的上部，即花蕊的正下方。

6 把花枝主干推到花朵中心（图6），直到胶带被覆盖住，只有花蕊露在外面。

7 将干佩斯黏合在仿真花枝铁丝上以在樱花的背面制造一个长颈，确保干佩斯和胶带接触的地方是整齐干净的。

8 把花朵放在多孔泡沫晾花花托上，放置一夜至干。重复以上步骤制作其余樱花。

制作樱花花苞

1 使用剩余的粉色干佩斯，做5个直径约2毫米的球。

2 把28号仿真花枝铁丝底部蘸上食用胶水，把它推进一个干佩斯球的一半。

3 把干佩斯球整形成一个椭圆形的花苞。

4 用美工刀把花苞划出4个等分线（图7）。

糖花造型

5　重复这一过程以制作其余4个花苞，放置一夜至其晾干。

制作叶片

1　在花茎板上将浅绿色干佩斯擀至大约1毫米厚。

2　将上一步做好的干佩斯翻面，以印好的花茎线为中心，用叶形模具刻出所需大小的叶片。

3　将一根28号仿真花枝铁丝底部蘸取食用胶水，然后把它从叶脉较宽的一端推入大约到叶子一半的位置。

4　用迷你"V"型纹路压模在叶片上压制出合适的纹理（图8）。把迷你"V"形叶切掉一半更容易使用。

5　沿弧度线将叶片放在多孔泡沫晾花花托上，然后晾置一晚至其晾干（图9）。

6　重复以上步骤，总共做大约5片叶片。

花朵上色

　　用画笔给樱花花芯和花苞的顶端刷上紫红色食用色粉，并用柑橘绿色给叶子和花苞底上色（图10）。

包扎花束

1　取一些花苞和叶子，用棕色花纸胶布从顶端至中间进行捆绑。

2　将2朵或3朵大号或中号樱花与一片叶子或2个花苞捆扎在一起。

3　用一长条棕色花纸胶布把1个芽叶绑在20号金属仿真花枝铁丝顶端。

4　在花苞下5毫米处加一片未包扎的叶片（图11），接着是一个未包扎的花蕾，把它们捆扎在主茎上。

5　在仿真花枝铁丝上缠绕几圈胶布，拉下叶子和花苞露出的铁丝，直到它们紧紧地靠在茎上，露出的仿真花枝铁丝被胶布完全包裹住。

6　继续整理花茎，每隔几厘米就加上一簇樱花、叶和花苞（图12）。花朵的大小应逐渐增大，要越接近花茎底部越丰满。并在几簇花之间靠近花茎的位置添加一个未包扎的花苞。

7　添加了所有的花后，继续尽可能地沿着主茎调整。修剪结束后，你会知道需要多少花茎垂挂在蛋糕边缘进行装饰。

保持花朵色泽

　　用水蒸气蒸每朵樱花大约3秒，以保持其色泽，并能赋予其丝绸般的光泽。

装饰蛋糕

　　修剪樱花茎末端至所需长度，在插入蛋糕前将其推入一个塑料花管。将花茎弯折成一条弧线，用镊子调整花、叶片和花苞的弯曲程度。

山茶花

茶花有着精致柔软、圆润的花瓣和柔和
的曲线，是一种低调而别致的花，是优
雅的当代蛋糕完美的装饰。

原　料

制作1朵山茶花：
大约200克白色干佩斯
防黏白油
食用胶水
直径4厘米的仿真泡沫花蕾
玉米淀粉

工　具

基础工具（第11页）
直径8厘米的圆形模具
山茶花瓣模具
罂粟花瓣"V"型纹路压模
3个直径6厘米的半球形硅胶模具
包裹着保鲜膜的马克杯
厨房纸

装饰蛋糕

大约500克翻糖膏
"茶花玫瑰"蕾丝模板
刮板
防滑转盘
大头针（可选）

1

2

3

4

5

6

7

8

9

10

11

12

制作过程

组装蛋糕需要制作一个3层的叠层蛋糕，分别测量出直径10厘米（顶层），15厘米（中层）和20厘米（底层）的蛋糕层。这3层蛋糕每层都是12厘米高，并且覆盖着杏仁膏和粉红色翻糖膏。底层置于一个覆盖着粉红翻糖膏、边缘装饰有15毫米宽的白色缎丝带、直径为30厘米的蛋糕上。

1 把竹签推进仿真泡沫花蕾的一半处。

2 将干佩斯擀至约1毫米厚，用圆形模具切出圆片。

3 在仿真泡沫花蕾表面刷上食用胶水，并用圆片覆盖。用手将球面揉至光滑（图1），使它凝结。

4 由山茶花最外层的花瓣开始制作——这些必须趁仍可使用时放置完毕。使用山茶花花瓣模具刻出几片花瓣（图2）。

5 把花瓣放在海绵垫上，用基础工具给花瓣边缘整形，使其圆滑（第218页）。

6 将每片山茶花花瓣按进罂粟花瓣"V"型纹路压模中（图3）。

7 把花瓣放在呈杯状的手中，略捏顶部边缘。

8 在半球形硅胶模具中撒上玉米淀粉并将花瓣放置在其中，等待晾干至其坚韧。

9 重复以上步骤，总共做17片花瓣。

10 最内层的3片花瓣，使用制作外层花瓣的方法重复3次。

11 轻刷每片花瓣的表面，顶部除外，用食用胶水将它们黏在花蕾上，把它们均匀地黏在一起。顶部应有一个硬币大小的可视区域（图4和图5）。花瓣底部应该接触到花蕾后面的竹签。

12 一旦球形硅胶模具中的花瓣稍定型，将食用胶水以"V"字形刷在5片花瓣的底部边缘，将其均匀的黏在花苞的周围，使它们互相黏合（图6）。每一片都应放在前2层花瓣的重叠处，始之与之前一层花瓣交错排列，稍微打开以露出花苞。

13 把花倒放在一个柔软的表面上，放置约30分钟定型。

14 用同样的方式在花周围再黏贴5片花瓣，使花更加盛开，这时，应更随意自然地黏贴花瓣片而不是使它们互相黏连。

15 将山茶花倒放在柔软的表面，放置使其定型。

16 当这一层花瓣完全定型之后，以同样的方式对最后一层的7片花瓣进行黏贴。（图7）。需要注意的是，最后一层花瓣需要看起来更加随意自然。

17 在多孔泡沫晾花花托上撒上一层薄薄的玉米淀粉，将制作完成的山茶花放置在包裹着保鲜膜的马克杯中定型（图8）。如果放置在晾花架上可能会使花瓣过度的张开或脱落，影响整体的效果。

装饰蛋糕

1 取适量的蛋白糖霜与水混合均匀，待用。

2 将蕾丝模板用大头针固定在蛋糕的表面（图9），利用刮板将蛋白糖霜均匀的沿模板涂抹在蛋糕上（图10）。需要注意保持刮板的角度以及涂抹力度。

3 在完成全部模板的涂抹后，需要仔细检查一遍并清理掉多余的蛋白糖霜，以保持其整齐（图11）。

4 等待蛋白糖霜完全晾干，凝固成型后，将模板从蛋糕上取下（图12）。取下模板时，需要格外小心，以避免破坏成品。

5 最后，将一朵大的山茶花固定在蛋糕上。如果担心竹签无法完美固定花与蛋糕，可在两者的贴合处使用一些蛋白糖霜以帮助固定。

花墙

用各种盛开的花装饰这款蛋糕。珊瑚牡丹，是自然形态或色彩的巧妙组合。法国紫丁香、鹦鹉郁金香、香雪兰使覆上翻糖膏的蛋糕极尽雅致。

原　料

约4朵法国紫丁香，8支小苍兰，5支鹦鹉郁金香，6朵盛开的珊瑚牡丹花和6片叶子：

约2.4千克白色干佩斯

防黏白油

食用色膏（宝蓝色，玫瑰色，柠檬黄，紫罗兰，苔绿、醋栗和酒红色）

食用色粉（三文鱼色，土红色，象牙白，草莓红，罂粟红、报春花黄、桃粉、春绿，

冬青绿（彩虹色），深红色，粉红色，紫红色）

食用胶水

白色和尼罗绿花纸胶布

制作大约25朵花、大约2束小圆头的白色仿真花蕊（法国紫丁香）

8根绿色28号仿真花枝铁丝，每根分四分段（法国紫丁香）

小尖白蕊，一束以内（小苍兰）

16根白色26号仿真花枝铁丝，每根分四段（小苍兰）

白色22号仿真花枝铁丝（小苍兰）

5根白色28号仿真花枝铁丝，每根分六段（制作鹦鹉郁金香雄蕊）

3根白色22号仿真花枝铁丝，每根分半（制作鹦鹉郁金香雄蕊）

10根白色的24号仿真花枝铁丝，每根分三段（制作鹦鹉郁金香花瓣）

3束白色仿真花芯（用于盛开的牡丹）

3根白色20号仿真花枝铁丝，每根分半（盛开的珊瑚牡丹花芯）

3根白色26号仿真花枝铁丝，每根分半（盛开珊瑚牡丹花蕊）

27根白色26号仿真花枝铁丝，每根分三段（用于盛开的珊瑚牡丹花瓣）

2根白色26号仿真花枝铁丝，每根分三段（珊瑚牡丹花叶）

工　具

基础工具（第11页）　中号和小丁香花模具　小苍兰和郁金香模具

郁金香雄蕊　郁金香花瓣纹路压模　剪刀

牡丹花模具套组　牡丹花瓣纹路硅胶垫　牡丹叶模具和纹路压模工具

长笛茎脉塑形棒　骨形塑形棒　星形塑形棒　脉络塑形棒

防黏棒　厨刀　镊子

钢丝剪刀　画笔　花茎板

多孔泡沫晾花花托　仿真泡沫蛋糕

直径6厘米半球硅形胶模具

小型巧克力蛋托盘模具（6厘米×4厘米）

制作过程

需要层叠四层圆形蛋糕胚，分别为直径10厘米（顶层），15厘米（第二层），20厘米（第三层）、25厘米（底层）。4层都12厘米高，并覆盖白色翻糖膏。底层蛋糕放置在一个直径40厘米的圆蛋糕盘上，并覆盖着白色翻糖膏和修剪了边缘的15毫米宽的婚礼白色缎带。

法国紫丁香

1. 将大约400克白色干佩斯，加一点防黏白油揉至光滑柔软。
2. 将少量紫罗兰食用色膏与白色干佩斯混合，用于制作丁香花。
3. 将少量酒红色食用色膏，与100克上一步中的干佩斯混合成淡紫色。装入密封袋或覆上保鲜膜，以防止其干燥。

制作花瓣

1. 切断白色仿真花蕊的一端，使茎尽可能长。每束花将需要制作大约24根白色仿真花蕊，所以总共需要96根。
2. 把一部分制作丁香用的干佩斯放在花茎板上擀成厚厚的长条，使用带有最大洞孔的一端，有利于刻出丁香花。
3. 把干佩斯擀薄些，然后用同样大小的丁香花模具按照墨西哥帽子形状刻出2枚，1枚备用（图1）。
4. 将刻好的花瓣的凸起端放入多孔泡沫晾花花托洞孔中（图2）。
5. 用长笛茎脉塑形棒的宽端，沿着每一片花瓣从边缘到中心推动，使花瓣更宽更卷曲（图3）。用手指揉捏花瓣尖端（图4）。
6. 使用画笔将可食用胶水以薄薄一层刷在花瓣的中部（花正面朝下），然后将另一朵花的花瓣放在先前一层花朵的花瓣之间，两层花瓣交错排列。
7. 用星形塑形棒向下推花瓣中心，使花瓣向上伸展（图5）。

8. 将少量食用胶水刷在花朵中心，推入一根小圆头仿真花蕊。
9. 将花瓣的底部按在仿真花蕊的茎上，将其捻成喇叭状（图6）。如果需要，用手指重塑花瓣（图7）。
10. 重复以上步骤，制作其余的花，每束花需要大约8朵小号和8中号丁香花。放置过夜晾干。

制作花蕾

1. 每束花需要大约8个花蕾，共32个。将紫罗兰干佩斯擀成一片薄香肠的厚度，约5毫米。把它切成小的和大的（大约是豌豆大小）块，大约是三分之二到三分之一的比例，最后应共有32块。
2. 把每一块揉成一个球，然后用手指把它整形成一个泪珠形。
3. 将绿色28号仿真花枝铁丝一端蘸上食用胶水，推入一颗"泪珠"的顶端至其中部（图8）。
4. 用刀轻压花蕾的顶端，分成4个大小相等的部分（图9），稍微拉长花蕾。重复以上步骤制作其余花蕾，隔夜晾干。

组装花

1. 晾干后，把花茎和芽分别扎上花茎绿带子，从上到下大约一半。由于花茎非常细，要先把带子切成细条。
2. 把紫丁香集合起来，先从花束顶部的最小花蕾开始（图10），然后把花蕾和花朵层分层（图11），随着您工作的进展，逐渐增大花朵尺寸。每层加上更多的花，使花向底部变宽。直到所有的花都使用完毕，把剩下的花茎扎起来，然后用剪刀修剪两端。

装饰花朵

均匀搭配粉红色和淡紫色色粉，使花蕾更粉嫩、花瓣的紫色更鲜明（图12）。

保持花朵的色泽

利用水蒸气蒸大约3秒，以固定花的颜色，并赋予花朵绸缎般的光泽。

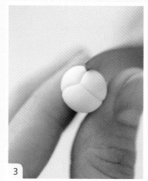

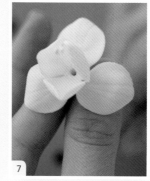

小苍兰

1. 500克白色干佩斯加入一点防黏白油混合均匀，揉至光滑柔软。装入密封袋静置15分钟。制作花蕊。
2. 将白色26号仿真花枝铁丝的一端弯曲成开口钩子。将仿真花蕊套在钩子下并使它向中间弯曲（图1）。
3. 将钩子闭口，用尼罗绿色花纸胶布把仿真花枝铁丝包起来，盖住钩子后把仿真花蕊固定住（图2）。制作其余23根花蕊，每3根仿真花蕊组成1束。

制作花蕾

1. 每束花需要2个白色和3个绿色的花蕾，花蕾应逐渐变小。从2个大的白色花蕾开始。把部分白色干佩斯揉成2个球形，一个直径8毫米，另一个稍微小一点。把每个球揉成一个较长的泪珠形。
2. 将白色的26号仿真花枝铁丝底部蘸一点食用胶水，然后把它推到泪滴状糖膏的顶端。使用厨刀轻压花蕾，刻出三条线，使花蕾三等分（图3）。将花蕾下端整形剩余的花蕾重复上述步骤，放置晾干。
3. 把剩下的白色干佩斯和宝蓝色、柠檬色食用色膏混合，做成淡绿色干佩斯。重复以上步骤做24个大小渐变的花蕾。

制作花朵

1. 每朵花有2层花瓣。先制作第一层，将一部分白色干佩斯放在花茎板上，在最大的洞孔一端擀成厚片，使用小苍兰模具刻出小号苍兰。
2. 将刻好的小苍兰花瓣放在多孔防黏海绵板上。
3. 将防黏棒底部碾压花瓣中间，使花瓣舒展变薄，呈杯形（图4）。沿着每片花瓣边缘向中心滚动基础工具的细端，每一瓣压出3条线（图5）。用指尖捏着花瓣的底部拿起花，并推动一个捏塑锥形工具到花的中间。
4. 在花朵的中心蘸一点食用胶水，把一束仿真花蕊插入花瓣中心，直到绿色的花纸胶布几乎看不见为止（图6）。
5. 把花翻转过来，沿着铁丝按花的底部，形成一个长长的颈。轻轻地捏出柔软的花尖。
6. 重复上述步骤制作其余花瓣，插在仿真泡沫蛋糕上干燥，最好放置一夜。通过将花瓣向内或向外弯曲，给

每束花制作一朵绽放、一朵半开、一朵闭合的花。

7. 等第一层花瓣干透，就做第二层花瓣，但是当你把花放在海绵垫上时，需要将花背面朝上。根据步骤6重复这个过程。
8. 在花瓣中心蘸上食用胶水，轻轻地捏住花瓣尖将其贴在第一层干燥的花瓣下面（图7）。在花瓣之间接触的地方多涂些食用胶水，使其坚固。
9. 把花的底部捏在花蕊铁丝上，尽可能捏出长长的颈，然后把花倒挂在晾花架上，放置一晚干燥（图8）。重复以上步骤制作其余花朵。

装饰花朵

将淡黄色色粉刷在白色的花蕾、花的中心和长长的颈部（图9）。把淡黄色和春绿色色粉混合在一起，轻刷花朵底部和绿色花蕾上。

制作花萼

1. 将剩余的淡绿色干佩斯，或用约50克白色糖膏与苔绿和醋栗色色粉混合获得深绿色糖膏。为每一个花蕾和花朵做一个直径约3毫米的小球。
2. 将可食用胶水，刷在花蕾或花朵的背面，然后把球推到仿真花枝铁丝上，放在花茎下面。在手指之间转动花茎，沿着花茎揉捏绿色小球（图10）。重复以上步骤制作所有花萼（图11），并将其放置直至干燥。

组合花朵

1. 从一根白色22号仿真花枝铁丝底部开始缠绕绿色花纸胶布。大约在花茎下方5毫米，把最小的绿芽紧贴在仿真花枝铁丝上。把胶带缠绕在绿芽的仿真花枝铁丝上，离主茎1厘米距离。
2. 把花蕾外露的仿真花枝铁丝向下拔，直到它看不见，花萼抵着带子。加入下一个最小的花蕾，继续以同样的方式，把花蕾间隔开，随着花蕾越多整棵花开得越大。确保所有的花蕾和花朵都以同样的方式错对，而不是拥簇在旁边（图12）。
3. 向下弯曲花茎末端，根据需要调整花蕾和花。

保持花朵的色泽

利用水蒸气蒸大约3秒，以保留花的颜色，并赋予花朵绸缎般的光泽。

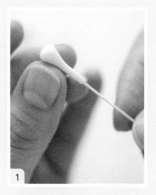

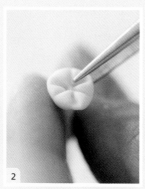

鹦鹉郁金香

每一朵郁金香由1朵郁金香花芯，6根仿真花蕊和3片闭合、3片开放的花瓣组成。需要500克白色干佩斯。取约50克和少量猕猴桃绿食用色膏混合，获得淡绿色干佩斯。把剩下的450克干佩斯和柠檬黄食用色膏混合，获得淡黄色干佩斯。

制作郁金香花芯

1. 取一些淡绿色干佩斯揉成5个球形，直径约5毫米。每一个球形干佩斯的一端用手揉搓，形成一个长长的泪滴状。
2. 将白色的22号仿真花枝铁丝的一端蘸上食用胶水，然后把它从"泪滴"底部推到中央。
3. 沿着仿真花枝铁丝捻干佩斯，直到整个郁金香花芯长约2厘米，顶部有一个厚厚的圆端（图1）。用手指把末端压平，用厨刀将它划出3等分线。
4. 使用镊子夹出花芯的每个部分（图2）。重复以上步骤制作余下4个郁金香花芯，并放置隔夜晾干。

制作郁金香雄蕊

1. 用淡绿色的干佩斯，为每个郁金香塑造6个小球，直径大约为3毫米。
2. 将每一个球滚动成一个荚形，然后用基础工具的细端沿着豆荚的纵向碾压（图3）。把豆荚放在海绵垫上。用基础工具压平其尖端。
3. 将28号仿真花枝铁丝蘸取食用胶水，从豆荚底部将其推入。放置隔夜晾干。

制作郁金香花瓣

1. 将淡黄色干佩斯放置在花茎板上擀至约1毫米厚。
2. 使用郁金香模具刻出郁金香花瓣，翻转干佩斯，使较厚的叶脉端为正面（图4）。
3. 将花瓣放在海绵垫上，将白色24号仿真花枝铁丝的末端蘸上食用胶水，然后将其推到主叶脉的三分之一处。

4. 翻转干佩斯，然后将其放在郁金香花瓣纹路压模上。把铁丝弯成与花瓣纹路压模弧度一致（图5）。
5. 按压花瓣纹路压模的顶部，小心地将花瓣从纹路压模上转移到海绵板上。
6. 使用基础工具的细端，由花瓣顶部开始至花瓣的底部边缘，向主叶脉划出分支叶脉（图6）。
7. 将翻转的花瓣放在光滑面的泡沫板上并轻轻撒上玉米淀粉。
8. 使用防黏棒的尖端，给花瓣边缘弄出褶皱（图7），沿铁丝轻轻捏花瓣底部，半成时放置一边撒上玉米淀粉。
9. 重复以上步骤制作剩下的花瓣。每朵郁金香需要6片花瓣：3片内层花瓣已经放在半球形定型区内晾干（这一层的花瓣相对闭合）；另外3片外层花瓣放在巧克力鸡蛋托盘中干燥（图8）（这一层的花瓣相对舒展）。所有花瓣放置隔夜晾干。

装饰花瓣

在雄蕊与花瓣刷上厚厚的紫红色色粉。在花瓣上，用淡黄色、三文鱼粉和土红色的食用色粉制作花瓣。用一根画笔（图9）从边缘到中心，刷每片花瓣的前后两部分。通过把它们比花瓣的其余部分更厚的方式来加强茎脉和边缘。

组合花朵

1. 围绕着花芯的铁丝均匀地排列雄蕊，高于郁金香花芯约1/3，并黏在一起，用尼罗绿花纸胶布缠绕（图10和图11）。
2. 在花瓣的底部以90°向下弯曲花瓣内的铁丝。
3. 一片挨着一片，每个花茎周围缠绕3片闭合的花瓣（图12）；花瓣底部应该放置在郁金香中心的下面。
4. 在花茎周围缠绕第二层3片舒展的花瓣，与第一层花瓣交错排列。用胶带缠绕整条花茎，尾端用剪刀剪齐。

保持花朵的色泽

把雄蕊和花瓣稍微向外弯曲。利用水蒸气蒸大约3秒，固定郁金香颜色，赋予花瓣绸缎般的光泽。

珊瑚牡丹

每朵牡丹由1个花芯、一束雄蕊和3层各6片花瓣组成。

需要900克白色干佩斯。将200克白色干佩斯与醋栗色食用色膏混合，获得浅绿色干佩斯，并把剩下的干佩斯与玫瑰色食用色膏混合，获得淡粉色干佩斯。用密封袋包好，放置15分钟。

制作花芯

1 每一朵牡丹花芯由5个独立的荚（或芽）与雄蕊组成。为了制作荚，把一些绿色的干佩斯做成直径约5毫米的球。把小球放在手掌上揉成泪滴状。

2 将"泪滴"放在海绵垫上，然后用基础工具宽端压扁（图1），使用镊子捏其底部出现尖端，将尖端向后弯曲（图2和图3）。

3 将20号仿真花枝铁丝蘸上食用胶水，把它推到荚的底部。重复以上步骤制作另外5个荚，放置隔夜晾干。

4 直到干燥，为每个花芯制作4个稍大的豆荚，揉成球，直径约6毫米。当步骤3完成后，将4个较大的荚储存在密封袋中。

5 给插上20号仿真花枝铁丝的荚的底部刷上食用胶水，然后将2个较大的荚压在铁丝上面，彼此相对（图4）。重复上述步骤制作花芯，放置30分钟。

6 在第一对荚之间相对位置再添加2个荚。并对其余花芯进行同样的操作，放置过夜晾干。

7 彻底晾干后，用深紫红色色粉刷牡丹花芯的尖端（图5）。

制作雄蕊

1 用镊子将每根26号仿真花枝铁丝一端弯成张开口的钩子。

2 把3束雄蕊分半，用开口钩子把每一束都扎起来。在中间将雄蕊向上弯曲（图6）并将其挤出（图7）。给雄蕊刷上淡黄色色粉。

3 用尼罗绿花纸胶布把排列在花芯下面的雄蕊缠绕在一起（图8）。

制作花瓣

1 每朵牡丹花需要18片花瓣，每种形状有6片花瓣（图9）。在花瓣纹路硅胶垫上推压干佩斯，厚度为1毫米。

2 翻转干佩斯。选择捏塑刀放在花脉最厚的部分翻转。刻下花瓣（图10）。

3 将花瓣放在海绵垫上，用防黏棒的尖头滚动花瓣边缘（第216页）。

4 将白色26号仿真花枝铁丝的一端蘸取食用胶水，插入花脉底部，进入花瓣约三分之一。

5 将花瓣后面的茎脉压平，然后把它翻转过来，把牡丹花瓣纹路压模按在干佩斯上（图11）。

6 沿着铁丝捏住花瓣的底部，把铁丝稍稍弯曲。用一个小防黏棒使花瓣边缘卷曲，用一根手指把花瓣固定在防黏棒上，然后稍微拉伸并回滚花瓣（图12）。伸展干佩斯是很重要的一步，否则花瓣边缘会反弹回来。将花瓣放在穿孔的海绵垫上，将铁丝向上弯曲。

7 重复以上过程，使用相同型号的牡丹花模具制作另外35片花瓣。用2号牡丹花模具重复制作36片花瓣。

装饰花朵

1 给花瓣刷上混合着紫红色、草莓红和一点罂粟红的色粉。在每片花瓣的背面和正面，从外缘刷到花瓣中间，让它的颜色向底部淡出（图13）。

2 用镊子均匀地间隔雄蕊。将连接每一片牡丹花瓣的铁丝按90°向下弯曲。

3 将6片花瓣（用1号牡丹花模具制成）均匀地排列在花芯周围，然后把它们依次扎在花茎上（图14）。

4 与第一层交错排列第二层6片花瓣（用2号牡丹花模具制成），像上层花瓣一样把它们缠绕起来（图15）。最后，用同样的方法将6片花瓣的最后一层（用3号牡丹花模具制成）连接起来（图16）。

5 把花纸胶布沿着花茎向下缠绕，用剪刀修剪花枝末端。对于剩余的牡丹重复上述步骤。

保持花朵色泽

利用水蒸气蒸大约3秒，固定牡丹颜色，赋予花朵绸缎般的光泽。

制作叶子

1 将约100克白色干佩斯和猕猴桃绿食用色粉混合，获得浅绿色干佩斯。把干佩斯放置在密封袋里15分钟左右。

2 在花茎板上将浅绿色干佩斯擀至厚度约1毫米。

用牡丹叶模具刻出叶状，以叶脉中心较厚的部分为基部。

3 将叶子放在海绵垫上，用26号仿真花枝铁丝蘸食用胶水并将其插入叶脉底部，进入叶脉约1/3。

4 轻轻地用防黏棒的尖头滚动叶片边缘（图17）。

5 把叶子放在牡丹叶纹路压模上，按压模具顶端，使叶子产生立体的效果（图18）。

6 取下叶片，将叶子顶部和底部的干佩斯捏合。将叶子放在多孔泡沫晾花花托上，使其干燥（图19），重复以上步骤制作另外5片叶子。

7 干燥后，将冬青绿和春绿色色粉混合在一起，从叶片边缘到中间，从底部向上刷上混合色粉（图20）。

8 用尼罗绿花纸胶布缠绕铁丝，然后蒸约3秒，固定叶子的颜色，赋予叶子绸缎般的光泽。

装饰蛋糕

1 用画笔的末端在蛋糕上戳足够大的洞，方便插花签（图21），用镊子将花茎插进塑料花签（图22）并将它们推入蛋糕层（图23）。为了达到最好的效果，从顶层往下装饰，先将最大的花朵间隔开来，然后用较小的花朵填补空白。

2 将铁丝弯曲成形，覆盖间隙（图24）。多留一些鲜花和树叶来填充小空间是很好的办法。也可以在花朵的背面挤上一些蛋白糖霜，以确保其稳定。

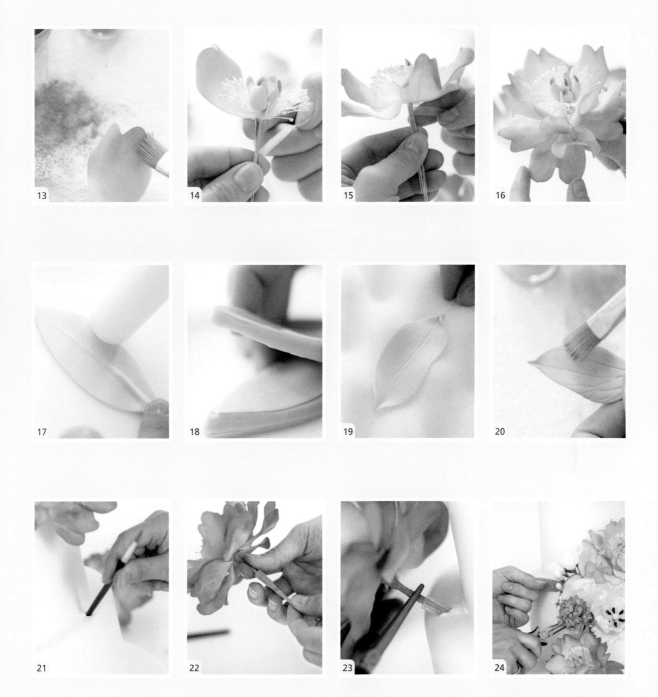

烘焙和糖霜基础

BAKING & ICING
BASICS

蛋糕制作及包翻糖膏

预先准备

我经常被问到的问题之一是："我应该提前多久开始制作蛋糕？"虽然水果蛋糕可以烘烤之后冷冻保存几个星期，但是分层的海绵蛋糕需要仔细计划，以确保蛋糕尽可能是新鲜的，其形状和结构不受影响。蛋糕馅只要不包含生鸡蛋或鲜奶油，一旦用杏仁膏和翻糖膏覆盖，保持新鲜和湿润的时间将会更长，而不需要冷冻。我的经验是，将制作蛋糕的工作计划分为5天，允许在每个阶段之间设定足够的休息时间。

第一天 烤海绵蛋糕体，做糖浆；如果有时间可以开始制作装饰的花。

第二天 做蛋糕的馅料层；如果有时间可以继续制作装饰的花。

第三天 用杏仁膏将蛋糕覆盖；继续制作装饰的花。

第四天 将覆盖好杏仁膏的蛋糕包裹上翻糖膏；完成花卉装饰。

第五天 将蛋糕层和蛋糕板组装结合，在蛋糕上摆放花朵并完成设计。运输前至少让分层的蛋糕至少放置4小时。

基本方法

虽然这本书的重点是制作美丽的翻糖花卉，但我坚信，蛋糕也需要能匹配其颜值的美味。下面的食谱已经在我们的厨房里使用了很多年了，并且提供了一个完美的基础，这个蛋糕可以堆叠得很好，足够坚固，可以承受诸如翻糖花卉这样的装饰品。所有层可以使用一种口味或每层口味都不同。如果选择做后者，主要考虑的是每种口味蛋糕的密度和承受强度。能够承受最大重量的蛋糕是豪华水果蛋糕（第201页），其次是丰富的黑巧克力蛋糕（第200页）。但是，不能使用巧克力蛋糕作为底层，中间是一块海绵，顶层是一个小水果蛋糕。如果你是一个喜欢冒险的面包师，请以我的蛋糕风味组合清单（第202页）作为出发点，并对它们进行细化以适应你的自己的口味。下一页是一张基本的烘焙工具列表，我认为是在家庭厨房制作蛋糕的必需品。

烘焙工具

蛋糕模具和烤盘

电动搅拌机及其附件

硅胶抹刀

量杯

面粉筛

厨房秤

油纸

喷雾油

蛋糕垫（仅用于蛋糕）

塑料裱花袋（仅适用于纸杯蛋糕）

抹刀

刷子

剪刀

冷却架

小厨房刀

手动搅拌器

烤箱手套

擦丝器（仅适用于擦碎柠檬皮）

蛋糕烤盘的选择

在选择蛋糕烤盘的时候，用浅的烤盘会得到烤得更均匀的海绵蛋糕。对于海绵蛋糕和巧克力蛋糕，我使用深度为4～5厘米的烤盘。对于水果蛋糕我使用较深的烤盘，但会用一层厚厚的油纸隔开烤盘边缘，因为这样可以防止蛋糕在烤盘边缘被过度烘烤，以下是使用方法。

将蛋糕放在一张油纸上，用铅笔沿着底座周围在油纸上划线。用剪刀沿着线剪开，烤盘的两侧，再剪一条油纸，约5厘米高。比烤盘的深度还要高，为了使内边缘平直。对于大烤盘，你可以加入2条。一旦切割，纵向将油纸折叠成条，从顶部2.5厘米的位置沿着边缘开始剪切直到折痕的地方。将油轻轻地喷涂在烤盘的左右两侧，然后将纸条放入，采用从边缘向下朝着烤盘中间往里面剪。在边缘四角的地方剪一刀，在底部叠出一个尖角的折痕。这将确保蛋糕面糊在烘烤过程中不会通过纸张渗漏。对于一个方形的烤盘，将四角的长纸条折叠起来，使其整齐地贴在烤盘内即可。

果酱夹层蛋糕

我的果酱夹层蛋糕配方较为简单，使用等量的黄油、糖和四个鸡蛋。其成功的关键是与所有烘焙一样，使用最新鲜和最优质的原料，并遵循食谱中的技术细节。烘焙就是需要耐心和做好准备。

制作的分量足以填满三个直径15厘米的烤盘或一个直径25厘米、深4厘米的夹心蛋糕烤盘；

一个30厘米×20厘米的烤盘（用来做迷你蛋糕的）或者20~24个纸杯蛋糕。

想知道其他尺寸和数量，参阅第217页的定量指南。

烘烤温度：180℃，

烘烤时间：纸杯蛋糕约12~15分钟；大蛋糕20~45分钟，根据大小而定

原　料

200克带盐黄油（或者在无盐黄油上撒一撮盐），软化

200克白砂糖

4颗室温下中等大小的蛋（每颗约50克）

200克低筋面粉，过筛

100毫升糖浆（第203页）

口味选择

香草海绵蛋糕，加一茶匙香草精或者一根香草棒的籽

柠檬海绵蛋糕，加入3个磨碎的柠檬皮

橙子海绵蛋糕，加入2个磨碎的橙皮

烤箱预热至180℃。按照第198页描述，将油纸放在的蛋糕烤盘内再烘烤。烤制纸杯蛋糕需要使用松饼模具烤盘。

将黄油、白砂糖放在电动搅拌机中，使用搅拌桨以中等速度搅打，直到变得蓬松发白。

在一个单独的碗中轻轻地打散鸡蛋，慢慢地倒入黄油混合物，同时用中等速度搅拌。如果混合物开始凝固，可略微隔水加热将其重新混合在一起。

黄油、糖和鸡蛋混合后，将面粉筛入并低速搅拌至完全混合。

用硅胶刮刀，把面糊翻拌均匀，确保所有的原料都混合均匀。

对于大蛋糕，将面糊转移到带内衬的烤盘中，并用抹刀轻轻地将其分散到边缘。面糊应该在烤盘的边缘处较高，然后在中间较低，这样可以保证蛋糕颜色和高度更均匀。

对于纸杯蛋糕，把面糊放入一个大的裱花袋，从底部剪下约2.5厘米，挤入纸盒约三分之二满。

大蛋糕烘烤20~45分钟，纸杯蛋糕烘烤12~15分钟。当海绵蛋糕达到触摸回弹状态时，海绵蛋糕就被烤熟了，或者把干净的刀片插入海绵的中间，如果蛋糕烤熟了，刀拔出来是干净的。

一旦烤熟后，让蛋糕在烤盘中停留约10分钟，然后取出并放在铁丝架上冷却。

海绵蛋糕趁热刷上一层糖浆；这会锁住水分，阻止蛋糕顶部变硬。

一旦冷却，用保鲜膜包裹蛋糕并放置在冰箱内冷藏放置一个晚上。静置将使蛋糕胚变硬一点，使其第二天能理想的分层。纸杯蛋糕应该在烘焙当天使用。

浓情黑巧克力蛋糕

这款巧克力蛋糕相比其他配方更湿润一点，但它吃起来也很厚实和紧实，分层蛋糕和庆典用的翻糖蛋糕常使用这款，这款蛋糕冰冻后有长达10天的保质期。

制作的分量足以填满三个直径15厘米的烤盘或一个直径25厘米、深4厘米的夹心蛋糕烤盘；
一个30厘米×20厘米的烤盘（用来做迷你蛋糕的）或者20～24个纸杯蛋糕。
想知道其他尺寸和数量，参阅第217页的定量指南。
烘烤温度：160℃，
烘烤时间：纸杯蛋糕约15分钟；大蛋糕20～45分钟，根据大小而定

原 料

100克带盐黄油（或者在无盐黄油上撒一撮盐），软化
340克赤砂糖
100克53%黑巧克力
150毫升牛奶
3颗中等大小的鸡蛋（每颗约50克），在室温下轻轻地打散
225克中筋面粉，过筛
2¼汤匙可可粉
3/4茶匙小苏打
3/4茶匙发酵粉

烤箱预热至160℃。按照第197页描述的蛋糕烤盘。用松饼烤盘放置纸杯蛋糕。

使用桨板搅拌头的电动搅拌机，搅拌黄油和糖直到黄油打发松软发白。

一旦黄油和糖的混合物蓬松变白，慢慢地加入鸡蛋，同时将巧克力隔水融化。

将面粉、可可粉、苏打粉和泡打粉混合在一起，过筛加入到黄油和糖的混合物中，与此同时用慢速搅拌。

将融化的巧克力倒入一个量杯中，然后慢慢倒入蛋糕面糊，与此同时慢速搅拌，并倒入室温下的牛奶。小心操作，因为融化的巧克力和牛奶可能会溅到制作者身上。

一旦混合均匀，将蛋糕面糊倒入准备好的烤盘或转移到一个量杯再将面糊倒入纸杯蛋糕的模具中，填充到约2/3的位置。

一个大的蛋糕烘烤时间为20～45分钟、纸杯蛋糕烘烤15分钟。面糊烤熟的时候会膨胀变硬。

使用干净的刀片或竹签插入蛋糕的中间，如果蛋糕烤熟了，刀抽出来是干净的。

一旦烤熟后，让蛋糕在烤盘中停留约10分钟，然后将其取出并放在铁丝架上冷却。

一旦冷却，用保鲜膜包裹蛋糕并放置在冷藏冰箱内放置一个晚上。荃置将使蛋糕胚变硬一点，使其第二天能出现理想的分层。纸杯蛋糕应该在烘焙当天使用。

豪华水果蛋糕

这是一个松软的，湿润的水果蛋糕，里面有脆脆的无花果干。烘烤前提前几天或一个星期让它充分浸泡以发挥其水果的味道。如果你愿意，你可以提前几周或几个月进行制作。为了能有额外的水分和酒味，每周给蛋糕刷点威士忌并且用油纸和保鲜包裹好，放在冰箱内冷藏。

在一个7.5厘米深的蛋糕烤盘里烤一个直径为15厘米的水果蛋糕

烘烤温度：140℃，烘焙时间：2～3小时

原　料

用作混合水果

（提前一天）

150克葡萄干

65克蔓越莓干，对半切开

230克葡萄干，切碎

120克整个糖霜樱桃，切碎

80克无花果干，切碎

60毫升威士忌

50克金糖浆

磨碎的柠檬皮用来添加风味

制作蛋糕

120克鸡蛋（大约2个大鸡蛋）

90克赤砂糖

115克无盐黄油，室温软化

25克磨碎的杏仁

90克中筋面粉，过筛

¼茶匙的肉桂粉

一撮丁香

一撮肉豆蔻

一撮盐

30毫升威士忌，用于浸泡蛋糕

将所有水果原料放在一个大碗里混合，搅拌均匀，盖上保鲜膜，将其整晚在室温下浸泡。

第二天，烤箱预热至140℃。像198页所描述的一样将油纸放入蛋糕模具。

把鸡蛋和糖放在一个中等大小的碗里，搅拌到混合。

在另一个碗里，将打发的黄油和磨碎的杏仁一起搅拌至顺滑，但不要使其充满气体。

慢慢加入鸡蛋混合物，直到你有一个光滑的黄油糊。将剩余的原料过筛并且分成两份，混入面糊直到全部混合均匀。

将浸泡好的水果加入蛋糕糊中并且彻底混合均匀，然后将蛋糕混合物倒入准备好的烤盘中并且用抹刀将表面刮至平整。将填满的蛋糕烤盘放在您的工作台表面上，震荡几下去除气泡，以确保面糊已经到达烤盘底部的所有角落。

在烤箱的底架上烘烤2～3小时。为了防止蛋糕的顶端变色太多，当蛋糕烤熟，顶部呈现金黄色时，可将一张锡箔纸盖在蛋糕的上方，将干净的刀插入蛋糕的中心，如果烤熟了，刀拔出时会是干净的。

当蛋糕冷却脱模10分钟左右，趁热用威士忌在蛋糕的顶部刷上一层。等蛋糕完全冷却后，在钢丝架上用油纸、保鲜膜包裹住它。

英式奶油霜

根据传统配方，这种奶油乳酪是在使用相同量的黄油的基础上能使大型的分层蛋糕在炎热的夏天能更加稳定。在配方中是不用鸡蛋的，奶油乳酪放在冰箱中至少有两周保质期，并且加入奶油乳酪后，一旦其表面覆盖了杏仁膏冰冻的分层蛋糕将不需要冷藏。在理想状况下，在使用奶油乳酪前要保证其新鲜，这样才会有完美的纹理和一致的分层性。

制作400克，大致够三层直径15厘米的海绵蛋糕的夹层和表面涂层。其他尺寸和数量，参阅第217页的定量指南。

原　料

200克无盐黄油，软化
200克糖粉
少许盐

口味选择

香草奶油霜
加一茶匙香草精或者一根香草棒的籽
柠檬奶油霜
加入两个柠檬磨成的柠檬皮碎
橘子奶油霜
加入两个橘子磨成的橘子皮碎

将黄油、糖粉、盐和调味料放在电动搅拌器中并用一个桨形搅拌头。将混合物低速打匀，然后调至中高速抽打混合物直到其变得发白松软为止。如果不马上使用，可把奶油霜放入一个密封容器中储存在冰箱中。使用前将其从冰箱提前1～2小时拿出，让其恢复到室温。

甘纳许

做400克，大约够三个直径15厘米层夹心巧克力蛋糕做夹层，其他的尺寸和数量，参阅第217页的定量指南。

原　料

200克全脂黑巧克力（我用这些含有53%的可可脂）
200毫升稀奶油

把巧克力放入一个深碗中。

把奶油倒进一个深平底锅里，让其处于即将沸腾的状态。

把奶油倒在巧克力上，轻轻搅拌直到巧克力融化，混合物应该是光滑的。

在使用前请保持冰凉。将它放在密闭容器内，可在冰箱内能存放长达一个月。

蛋糕的填充和口味

做一个经典的维多利亚海绵香草蛋糕，一共有3层，一层香草奶油和一层草莓或树莓果酱。

做一个美味爽口的柠檬蛋糕，将奶油霜和柠檬酱或柠檬果冻混合，并品尝。3层夹层的柠檬蛋糕以及柠檬奶油霜。

做一个芬芳湿润的香橙蛋糕，把3层橙渍海绵蛋糕与一层橙子奶油霜和橘子酱还有一层橘子做成蛋糕。或者，用自制的橙子果酱。

做一个巧克力和香橙蛋糕、把三层橙子海绵蛋糕和一层比利时巧克力酱和一层橘子果酱做成蛋糕。

一个香浓的黑巧克力蛋糕，把三层香浓的黑巧克力海绵蛋糕与两层巧克力酱做成蛋糕。

蛋糕的分层

在这一部分中我将一步一步演示，如何使用多层海绵或巧克力蛋糕用奶油霜和果酱或者（可选）或甘纳许和浸泡糖浆（如需要）作为填充物来堆出一个蛋糕。我大部分的多层蛋糕有3个蛋糕层和2层的填充物，一个蛋糕高10厘米。然而，在本书中的一些设计要求不同大小的层，所以请仔细阅读说明书并参考217页的定量指南，填充物的量将取决于你要的蛋糕的口味尺寸和形状。下面是一个工具列表，我发现这对制作分层蛋糕很有用的。

分层工具

长的锯齿刀或蛋糕切片机（不管使用什么，只要你觉得能容易使用）

测量尺

蛋糕垫纸或厚蛋糕板（用于大蛋糕的底盘）

大抹刀

小抹刀

刷子

防滑转台

金属盘

金属侧刮刀

油纸

圆形模具（小型蛋糕）

小蛋糕底托（小型蛋糕）

糖　浆

做100毫升，大约能够一个直径15厘米的分层蛋糕或者20～24个纸杯蛋糕

原　料	口味选择
75毫升水	1茶匙香草精
75克砂糖	一个柠檬的柠檬汁
	一个橙子的橙汁

准备好要用的水和调味品，把糖倒入锅中煮沸，使其离火放凉。你可以把糖浆储存在密封容器里，放入冰箱保存一个月。

小型分层蛋糕

原　料

12个圆形小蛋糕（直径5厘米，高5厘米）

20×30厘米的矩形蛋糕胚（如果没有适当大小的烤盘，可以使用一个25厘米的方形蛋糕烤盘代替）

约1千克甘纳许或奶油霜（第202页）

100毫升糖浆，仅用于海绵蛋糕（第203页）

工　具

直径5厘米的圆形蛋糕分切器

12厘米×5厘米直径蛋糕垫

蛋糕分层工具包（第203页）

使用蛋糕切片机或长的锯齿刀（图1）修整蛋糕顶部和底部，高度为2.5厘米。

用蛋糕刀将蛋糕切圆。

在工作台上摆好12个蛋糕（每一个都是迷你蛋糕），给每一个蛋糕都抹上甘纳许或奶油霜。

在每个蛋糕垫上（图2）放置1个蛋糕圈，外壳朝下。使用时要在每个蛋糕的顶部浸泡少许糖浆。

将蛋糕馅放在上面，然后把蛋糕圈放在上面，此时外壳朝上（图3）。轻轻按下。

操作时若出现气泡则轻轻刷上糖浆。

把小托盘上的所有蛋糕用保鲜膜包起来，然后放在冰箱里直到蛋糕馅料冻住。

一旦冷却。每次拿取几块蛋糕（我通常是拿6块），使用一个小的抹刀给蛋糕涂上薄薄的巧克力奶油霜（图4）并尽量保持其顶部和侧面平整。如果出现小的破损或面包屑，不要担心，小蛋糕比大蛋糕更容易修复。

把蛋糕套上模具，放在托盘上，在冰箱里冷藏，直到涂层和蛋糕凝固。

大型分层蛋糕

原 料

制作一个直径15厘米高约10厘米的蛋糕，

大约要3个直径15厘米蛋糕层

约350克奶油霜，果酱或甘纳许（第202页）100毫升糖浆，

仅用于海绵蛋糕（第203页）

工 具

直径15厘米的圆形蛋糕垫

蛋糕分层工具包（第203页）

使用蛋糕切片机（图1）或长的锯齿刀（图2）修整蛋糕顶部和底部，确保每一层是平整和相同的，并且高度为2.5厘米。

把蛋糕垫放在转盘上。然后在中间抹上一小块奶油、果酱或甘纳许。把第一层蛋糕放在上面，确保两边与垫纸齐平（图3）。

如果你使用的是海绵蛋糕并且在修整后感觉蛋糕体有点干，可以在表面刷少许糖浆。而我通常浸泡海绵蛋糕以赋予它们额外的水分和风味。

在第一层蛋糕表面均匀涂抹奶油霜或甘纳许，厚度应有3～5毫米厚（图4）。

在叠蛋糕时，一定要用糖浆刷表面。加完奶油或甘纳许（图5和图6），再叠上最后一层。

在最后一层蛋糕上刷一点糖浆（如果用的是海绵蛋糕）。

在所有蛋糕层叠好后，轻轻按下，以确保没有气泡存在并且顶部是平整的。

将大量奶油霜或甘纳许（图7）均匀涂抹在蛋糕上面（图8）和两侧（图9和图10）直到覆盖了整个蛋糕。使用刮板清理两侧（图11）和一把长的抹刀清理顶部（图12）使蛋糕的顶部边缘尽可能清晰和干净。

把蛋糕放在冰箱里冷冻约2小时，形成第一层外壳。

大多数蛋糕需要形成第二层外壳，以便闭合裂缝形成完美的外形。你的蛋糕出现裂缝的情况，重复图7～图12步骤继续冷藏蛋糕一夜时间。如果你成功地用第一层外壳做成了一个很好的蛋糕形状，那就让蛋糕在冷却直到凝固。

手作翻糖花卉技艺

蛋糕包面使用杏仁膏和翻糖膏

在烘焙和分层蛋糕之后，糖霜蛋糕大概就是蛋糕制作中最基础的技能了。当材料和技术被低估时，制作者就需要更多的练习。制作的包面蛋糕越多，就会越做越好。

工 具

小号糖粉筛

大号擀面杖

一对杏仁膏涂抹器

一对抹面器

厨房刀

蛋糕切割器

划线器

下文是操作时需要注意的地方。

除了水果蛋糕之外，所有蛋糕都可以使用翻糖膏进行包面制作，保证蛋糕外表的形态，有更多的装饰空间。

杏仁膏和翻糖膏在使用之前，必须揉至表面光亮，切不可随意加入糖粉，除非面团很黏，需要改变面团的湿度时，才可适量加入糖粉。糖粉的加入会使杏仁膏或翻糖膏变干。过量的糖粉会导致面团表面出现不同程度的裂纹，这些裂纹被称之为"拉伸痕"或"大象皮"。

在移动翻糖蛋糕时，尽可能使用抹刀。同时，需要小心自己的指尖以及手上所佩戴的戒指，以免在蛋糕表面留下划痕。

在蛋糕涂抹杏仁膏后，一定要静置一个晚上当杏仁膏变硬后，然后再包裹上翻糖膏，使蛋糕的形状保持得更好。

用酒精清洗杏仁膏表面，会在表面产生黏合剂，也使蛋糕表面得到消毒。因为酒精很快就会挥发，所以不用担心会有残留的味道。如果不想用酒精，可以使用凉开水代替。

如果糖衣中出现气泡，可使用无菌针戳破，然后用手指挤出气泡。在包裹糖衣后的几个小时内，蛋糕的温度会慢慢上升，海绵层开始轻微收缩，就会产生气泡。时不时检查蛋糕表面，以确保在糖衣变硬之前消除所有气泡。

大型巧克力蛋糕或海绵蛋糕翻糖膏包面

原 料

冷藏的海绵蛋糕层或巧克力蛋糕层

杏仁膏

翻糖膏

糖粉

无色透明酒液，例如伏特加（或冷开水）

工 具

基础翻糖包面工具（第208页）

将蛋糕从冰箱中取出，置于比蛋糕略大几厘米的油纸上。在擀至杏仁膏时，蛋糕表面会由于冷凝作用而自然地变得有些黏。总之，不需要在蛋糕表面涂抹更多的奶油霜或甘纳许。

揉捏杏仁膏至光滑的球状，使其更加柔软易于塑形。如果质感过于黏稠，可以揉进些许糖粉至质感为面团状。

在干净光滑的工作台表面撒上糖粉。用大号不黏擀面杖，将杏仁膏均匀地擀至5毫米厚，确保翻糖膏的长宽足够大以覆盖整个蛋糕。如果有任何的气泡，戳破并将空气挤出。

用擀面杖提起杏仁膏，扫去底部多余的糖粉，将杏仁膏覆盖在蛋糕上。有些人更倾向于用手，但是我认为，用擀面杖提起杏仁膏比用手在翻糖膏上留下的指纹和拉伸痕迹更少。

杏仁膏覆盖在蛋糕上后，用抹平器将顶部抹平。

接着，用手按住蛋糕顶部，另一只手拉伸杏仁膏边缘（图1）。然后，用手掌的平坦部位整理杏仁膏，使其在蛋糕边缘均匀覆盖（图2）。由于杏仁膏非常易于塑形，在翻糖膏不够长的情况下，可以将翻糖膏适当地拉伸一点使其到达蛋糕底部边缘。用一只手抚平底部的褶皱，另一只手抻住杏仁膏。

到达底部边缘后，将杏仁膏翻糖膏裹进边角，先用手，然后用抹平器。

用长直边厨刀或圆头刀去除多余的杏仁膏（图3）。确保是垂直切下，并且没有任何角朝向蛋糕，否则会造成杏仁膏底部缺口。

同时使用两个抹平器，将垂直朝向操作台，将抹平器在杏仁膏上移动，就像熨衣服一样。给顶部和侧边进行抛光和磨平直至表面均匀光滑（图4）。如果你需要转动以及移动你的蛋糕以达到各个位置，可通过移动底部的垫纸来拉动蛋糕至指定位置。这样可以避免手指接触蛋糕表面以及规避留下划痕的风险。

完成后，我倾向于将杏仁膏层在室温下放置过夜，使其固定并可更加紧实。特别是分层蛋糕和大型蛋糕，这样可以增强蛋糕的稳定性及结构。

放置过夜后，确认蛋糕是否有气泡。在这一阶段，杏仁膏依旧是可塑的，你仍然可以将气泡戳破并将空气挤出。

在杏仁膏表面薄薄地涂上一层酒液或水，注意不要在蛋糕底上留下任何水坑。用翻糖膏重复整个过程。

烘焙和糖霜基础

大型水果蛋糕翻糖包面

原　料

黄梅果酱
水果蛋糕（第201页）
杏仁膏（第217页）
翻糖膏（第217页）
糖粉
无色透明酒液，例如伏特加（或冷开水）

工　具

和蛋糕底相同大小的蛋糕底座
翻糖包面工具（第208页）

在蛋糕底座的中心涂抹薄薄一层黄梅果胶，将蛋糕底朝上置于底座顶部。

将部分杏仁膏揉成细香肠状，将其填入蛋糕与底座之间的空隙，确保边缘平整。大多数水果蛋糕由于水果沉陷，表面会有一些小洞，用杏仁膏揉一些小球填满这些孔洞，以使表面尽可能的平整。如果蛋糕边缘不够平整光滑，你也可以使用这一技巧来重塑蛋糕边缘。这种处理可能在蛋糕糊没有完全填满蛋糕模具底部边缘的时候做。

将黄梅果酱煮制沸腾，然后小心地搅拌直至其顺滑。如果果酱过于黏稠，可以加入一些水。要注意小心果酱烫伤手部。

将蛋糕置于比蛋糕略大几厘米的油纸上。用刷子在蛋糕外部（包括底座的侧边）薄薄地涂上一层果酱。

遵循给巧克力蛋糕或海绵蛋糕包面的步骤，给蛋糕覆上杏仁膏和翻糖膏（第209页）。

1　　2　　3　　4

迷你蛋糕翻糖包面

原　料

杏仁膏（第217页）

糖粉

抹面分层的迷你蛋糕或迷你水果蛋糕（第217页）

黄梅果酱

无色透明酒液，例如伏特加（或冷开水）

翻糖膏（第217页）

工　具

翻糖包面工具（第208页）

蛋糕底托（仅水果蛋糕）

将杏仁膏揉至光滑球状，使其更加柔软易于塑形。如果质感过于黏稠，可以揉进些许糖粉至质感为面团状。

在干净光滑的工作台表面撒上糖粉。将杏仁膏置于中心。用大号不黏擀面杖，将杏仁膏均匀地擀至3~4毫米厚。如果有任何的气泡，戳破并将空气挤出。

用小号厨刀将杏仁膏切成方形，每个要足够大以覆盖每个迷你蛋糕（图1）。一次性切出尽可能多的杏仁膏。在杏仁膏之间撒上一些糖粉，将其堆叠在一起。

海绵蛋糕包面时，从冰箱中取出4~6个迷你蛋糕，将其置于撒有糖粉的工作台面上。水果蛋糕包面，将蛋糕翻面置于底部涂有少量果酱的蛋糕底托上。必要的情况下，可以用杏仁膏小球填补蛋糕的孔洞，然后在表面薄薄涂上一层热的黄梅果酱。

在蛋糕顶部放上一片杏仁膏（图2），用抹平器将顶部抹平，用手将侧边抹平。注意不要把蛋糕边缘的杏仁膏扯破。

到达底部边缘后，将杏仁膏翻糖膏裹进边角，先用手，然后用抹平器。用小号平边厨刀或圆型蛋糕模具去除多余的杏仁膏（图3）。

将抹平器垂直朝向操作台，将抹平器在翻糖膏上移动（图4）。给顶部和侧边进行抛光和磨平直至表面均匀光滑。将杏仁膏层在室温下放置过夜。

放置过夜后，确认蛋糕是否有气泡。在这一阶段，杏仁膏依旧是可塑性的，你仍然可以将气泡戳破并将空气挤出。

在杏仁膏表面薄薄地涂上一层酒液或水，注意不要在蛋糕底上留下任何水坑。用翻糖膏重复整个过程。

1

2

3

4

烘焙和糖霜基础

糕底座包面

至少提前1~2天给底座进行包面，以确在放置蛋糕之前饭堂已经完全干燥。

原　料

翻糖膏（第217页）
糖粉

工　具

指定大小形状的蛋糕底座
15毫米宽的缎带，足够长以覆盖蛋糕底座侧边
双面胶
翻糖包面工具（第208页）

在蛋糕底座上薄薄的刷上一层水。

揉捏翻糖膏至光滑的球状，置于表面撒有糖粉的平滑的工作台上，将翻糖膏均匀地擀至3毫米厚，确保翻糖膏的长宽足够大以覆盖整个蛋糕底座。

用擀面杖提起翻糖膏，将翻糖膏覆盖在蛋糕底座上（图1）。

用干净的平边厨刀修剪去除底座边外的小片翻糖膏（图2）留出比侧边宽1厘米的大小。将覆有翻糖膏的底座拉至工作台边缘，将预留的翻糖膏用抹平器45°角向下拉，直至其落下。

将抹平器在翻糖膏顶部上移动给翻糖膏表面进行抛光和磨平。如果翻糖膏中有任何气泡，将其戳破，用抹平器将空气挤出（图3）。

用抹平器侧向向下运动抹平边缘部分，以达到倒角效果（图4）。再一次，向下运动，以保证底座边缘的翻糖没有抬起。将翻糖底座放置干燥。

干燥后，在缎带侧边黏贴少量双面胶，将缎带紧紧地黏在底座上。在末端预留1厘米，用胶布将其固定住。

1　　2　　3　　4

接合支架与堆叠多层蛋糕

接合支架指在蛋糕中插入支架以支撑蛋糕层或上层蛋糕。我倾向于使用空心支架，与其他支架相比宽度更大，也更易于切割出需要的高度，但你也可以为更轻更小的蛋糕选择细塑料支架，甚至是吸管。通常需要在运输蛋糕前至少半天进行支架接合和堆叠蛋糕的工作，或提前一天做这些工作以达到更佳效果。否则，用于固定蛋糕层的蛋白糖霜将不够干燥，蛋糕会在运输过程中滑动。下文列出了用于进行支架接合和堆叠蛋糕的工具。同时，你也需要蛋白糖霜将蛋糕层黏贴在一起。尽可能地使用新鲜制作的蛋白糖霜，以获得更好的黏贴效果。

接合支架与堆叠工具组合

大号抹刀

支架模板（可选）

小号锯齿刀

可食用笔或划线棒（可选）

空心塑料支架（或其他种类支架）

剪刀

抹平器

小号水平仪（可选）

备用蛋糕底座，足够大以叠盖在底层蛋糕上

用抹刀在翻糖膏包面过的底座中心涂抹薄薄一层蛋白糖霜（图1）。

小心地将翻糖膏包面过的底层蛋糕从油纸上抬起，并置于底座中心（图2）。

用模板（如果选用），标记4个支架的位置。为了达到最大程度上的稳定，支架应当尽可能地靠近蛋糕外侧，但是不应当露出或插得比蛋糕层底部的底座更深。

用可食用笔或划线棒标记位置（图3）。

将模板移走，找到第一个支架的标记，仔细地将支架插入，推至碰触到底座（图4）。我更倾向于用支架转入，这样可以防止翻糖膏过多的开裂。

在支架高于蛋糕表面1毫米处做标记，将支架小心地拉出。将第1根支架作为模板，在剩余的3根支架的相同处进行标记。

用锯齿刀切去支架多余的长度。在必要的情况下，可以使用剪刀整理边缘（图5）。

再次确认所有的支架都是相同长度，然后将其在图3标记的4点处推入蛋糕（图6）。所有的支架都应该高出蛋糕1毫米（图7）。

将一个备用蛋糕底座置于4根支架上，均匀地用力向下按压。使用水平仪以确保支架在同一水平面上。如果支架偏离了位置，应找出位置有误的那一根，将其拔出并剪短一些。绝对不要将支架修剪得比蛋糕的高度低，否则上层蛋糕的重量会使下层蛋糕翻糖膏开裂。

接下来，用接合支架除顶层外剩余的蛋糕层。将每层蛋糕都置于下一层的中心，并在蛋糕层之间涂抹一层蛋白糖霜以进行黏合（图8和图9）。

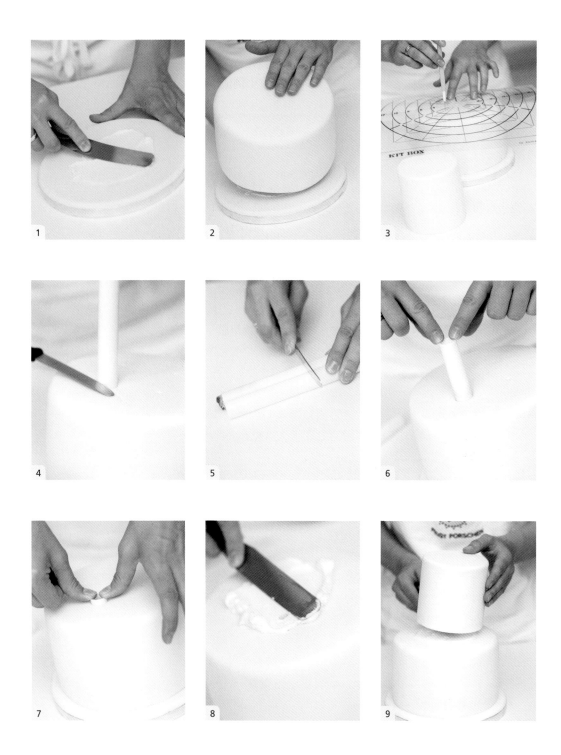

蛋白糖霜

蛋白糖霜是蛋糕装饰和糖艺的必需品，也是我在本书中大部分蛋糕设计中所使用的原材料，无论是用于裱花装饰，例如点、花心、蕾丝等，或作为强力胶以固定蛋糕层及其他装饰材料，出于专业考虑，比起新鲜蛋白我更推荐使用干燥蛋白，即蛋白粉。但是，作为私人使用的话，你可以将蛋白粉置换为等量的新鲜蛋白。作为基本原则，糖粉和蛋清液的比例应为6∶1。

原　料

1千克糖粉，过筛

25克蛋白粉，混合约165毫升水（确认包装上的说明，不同品牌的蛋白粉冲配比例可能不同）

或4个中号蛋清（约160克）

工　具

电动搅拌机

有盖容器，或覆有保鲜膜

抹布

将糖粉放入干净的搅拌碗中。倒入四分之三的蛋白粉混合物或新鲜蛋白和柠檬汁（若使用）。柠檬汁不是必须的；只是用于增强蛋白结构。低速混合约2分钟。如果混合物看起来过于干燥并呈碎屑状，可加入剩余的蛋白粉混合物或新鲜蛋白，直至混合物顺滑但不过于潮湿。停止混合，用硅胶刮刀翻刮侧边和底部的混合物，然后将搅拌机调回低速搅拌。

保持低速搅拌，注意观察侧边的蛋白糖霜以确定稠度。外观应当光滑但接近干燥，有丝绸般的光泽。持续搅拌时，可以注意到糖霜在逐渐变硬，并可以形成稳定的尖峰。如果听到嗖嗖声（由于糖霜中的空气移动产生的）逐渐变大，糖霜就接近完成了。

5分钟后，将一个干净的硅胶刮刀或勺子伸进糖霜后取出，以测试糖霜状态。如果糖霜形成了一个稳定的尖角，证明糖霜已经完成。如果尖角向下倒塌，应继续搅拌至能形成稳定的尖角。

将蛋白糖霜转移到可密封的塑料容器中，在用盖子或保鲜膜密封前，盖上一个干净的湿布。蛋白糖霜可在冷藏条件下保存近三天；但是，为了最佳效果，我建议尽可能地使用新鲜制作的蛋白糖霜。

烘焙和糖霜基础

蛋白糖霜打发类别

在本书中，涉及了两种不同程度的糖霜：硬峰状（硬性糖霜）和软峰状（中性糖霜）。

硬峰状蛋白糖霜作为最坚实的状态，用于黏贴蛋糕层及糖花。顾名思义，这种蛋白糖霜可以在刮刀或勺子上形成一个硬峰。通常不加入任何水，除非已经放置了几天或过于干燥。新鲜的硬峰状蛋白糖霜制作完成后，可以放入裱花袋中，或按要求使用。如果糖霜已经放置了几天，在放进裱花袋中前，可用抹刀搅拌使其软化。

软峰状蛋白糖霜用于在蛋糕表面进行点状或线状裱花，或制作花心。你也可以在硬峰状蛋白糖霜中加入一点水，并用小号抹刀搅拌将其软化以制作软峰状糖霜。如果加入着色剂，通常可先用抹刀将食用色素混入糖霜中，再加入水。软峰状蛋白糖霜应当看上去有不散开的，有光泽的垂下的尖角。

制作裱花纸袋

取一张长方形油纸（约30厘米×45厘米大），沿对角线对半剪开。用剪刀的刀片划开油纸而不用剪刀剪，以达到一个干净的剪切面。

取一片剪裁好的三角形油纸，用一只手捏住最长边的中点，另一只手拿住对边的尖角。三角形的最长边应当在你的左侧。

旋转右侧更短的一边至呈锥形（图1）。

用左手，将剩余的长边卷起（图2）。

将纸片在锥形背部交叉相叠（图3）。

如果裱花袋前端有开口，将内部转紧直至锥形形成一个尖锐的尖头。

从开口处将油纸向内折叠两次，防止纸袋散开（图4）。

每次只能填入一半的糖霜，否则在挤压时糖霜将溢出。将两边的缝合线折叠两次以闭合纸袋。

当准备好进行裱花后，剪掉尖头的末端。如果暂时不用，可将纸袋用密封袋包裹住，以防止糖霜干裂。

1

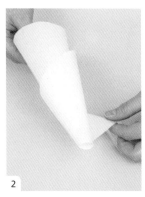
2

3

4

定量指南

　　蛋糕计量　使用每个基础配方的原材料总重量作为计算所要求的蛋糕混合物重量的起点。下方所推荐的比例经过了精确的计算，并在我们的厨房中使用。但是，也取决于你自己的蛋糕糊和烤箱。我建议你多制作一些蛋糕糊以测试怎样效果最佳。请注意，下文所述的蛋糕模具数量取决于所需要的蛋糕层的数量。

蛋糕模具尺寸 以1个圆形或方形蛋糕模为基础，4cm高	果酱夹层蛋糕 大概重量，具体取决于蛋糕体积	巧克力蛋糕 大概重量，具体取决于蛋糕体积	迷你蛋糕	杯子蛋糕
10厘米	100克	130克	制作2个	
15厘米	250克	330克	制作4个	
20厘米或23厘米花环铁模	480克	560克	制作8个	
25厘米或30×20厘米烤盘或23厘米巴伐利亚蛋糕模	760克	900克	制作12个	制作20~24个
30厘米或15厘米球形模	1.25千克	1.5千克	制作18个	

水果蛋糕计量参考

20厘米圆形：2倍基础配方；烘烤时间3~4小时
25厘米圆形：3倍基础配方；烘烤时间4~5小时
30厘米圆形：5倍基础配方；烘烤时间5~6小时

　　奶油霜、甘纳许、杏仁膏及翻糖膏计量使用下方列出的原料计量量可做出一个3层标准圆形或方形，高10厘米的蛋糕。

蛋糕/蛋糕底座尺寸	奶油霜/甘纳许	杏仁膏/翻糖膏	底板翻糖膏
10厘米	250克	400克	
15厘米	350克	600克	300克
20厘米	700克	800克	450克
25厘米	1千克	1.2千克	600克
30厘米	1.5千克	1.75千克	700克
35厘米			800克

词汇表

本书专业术语。

防黏球棒 使用这种工具把花瓣的边缘拉伸出波状的外观。使用球形工具或用防黏棒的圆端施加均匀的压力，在干佩斯上做圆周运动。做出波浪形的花瓣边缘，用球形工具或防黏棒按压花瓣边缘的一半，花瓣的另一半放在海绵垫上。你可以用一个基础工具在较小的花或花瓣上达到同样的效果。

调制带色糖膏 使用食用色膏来染色糖膏，因为它们不会过多地改变糖膏的稠度。如果你第一次使用一种颜色，你不知道用多少量，可先在一小块糖膏上进行测试，以避免浪费。用竹签棒蘸取色膏，在糖膏上沾一点，然后像揉面团一样把色膏揉入其中。使用深色的时候要戴薄薄的橡胶手套，因为易染色在手上。这也可以避免在使用时掺杂任何细微的颜色。揉捏时，尽量挤出所有空气。不要像嚼口香糖那样拉伸和拉扯，因为会混入小气泡。一旦颜色混合，糖膏可能会变得有点硬，并具有黏性；如果出现这样的情况，加入一小块防黏白油，将其揉至糊状或变得光滑柔韧。做好后，可将糖膏放置在一个密封袋中至少15分钟。这将使糊状糖膏变得更坚固，并可提升颜色。你会发现在几小时后颜色变暗，所以开始制作时，动作要轻柔些。

刷色粉 是用笔刷把色粉刷到花和叶子上的过程。我使用一种画细线条的画笔，来处理线条和更精细的区域，使用扁笔刷来覆盖花瓣上较宽的部分。花与花之间刷色粉的手法不同；但是，作为一般的规则，从花瓣或叶的边缘的中间刷，会达到最自然的效果。涂刷前，用刷子将色粉颗粒碾碎，呈粉状。在将它刷上花瓣或叶子之前，要确保你的刷子上没有太多的灰尘，因为灰尘会使颜色看起来很凌乱。清理你的刷子轻拍上面的色粉。拿一张纸巾擦去多余的色粉是很有帮助的。建议在除尘后彻底清扫你的工作区，并确保你没有在灰尘区域附近制作覆上翻糖膏的蛋糕。

色粉/花粉 这是一种粉状的食用颜色，顾名思义，用于糖花和叶子上色。有大量的色粉可用，但是，不是所有的色粉都是可食用的，所以请务必检查色粉包装。经常使用的一些色粉是在糖花而使用的，但由于最近食品安全法的变化，会有不同的变化。这些是无毒的工艺色粉；任何用色粉制成的花，均不可食用。你可以混合不同的色粉去创造属于你自己的颜色，或减少用量使糖膏颜色变得浅淡。

食用胶水 是用来把花瓣和叶子黏在一起的食用胶类。它有明显的凝胶状稠度，可以买现成的，也可以自己做。制作比例为一茶匙的黄原胶和约180毫升水，也可以用羧甲基纤维素或甲基纤维素粉代替。在烧煮过程中，粉末会结块，不时搅拌，会使混合物膨胀成厚厚的胶水。我把胶水存放在冰箱里，如果放在容器里，要用干净的器皿，可以保存几个星期。当开始出现霉菌时，应该把胶水处理掉。另一种方法是从壶里倒一些热水，放在一片糖膏上搅拌直至其溶解。一旦开始冷却，溶解物会增稠成胶水。

花签 用于插入有线糖花蛋糕的小塑料管。仿真金属花枝可能有食品安全隐患，绝不应直接推入蛋糕。当出售有线糖花蛋糕时，需在送货单提示糖花带有不可食用的金属线，食用前必须取出。花签也可以用来装饰蛋糕的鲜花。

花纸胶布 这是一个光滑的，可拉伸的纸带，缠绕装饰仿真花枝铁丝，能整洁地将花和叶缠绕在一起。它有不同种绿色和白色，如果你把它紧缠在金属线上，它的光滑质地会使它黏在金属丝上。你可以买7毫米或15毫米左右宽的。我倾向于购买15毫米胶带，可以将其切割成两半纵向使用。最简单的方法是把花纸胶布缠在2根手指上，把它压平，然后把它切成细的条状。你会发现这种方式使用更容易、更整洁。

仿真花枝铁丝 是用来制作有线的糖花和叶子。有白色和绿色，有不同的尺寸，通常从18号到30号不等。数字越低，金属丝越粗。根据制作经验，花越大就越重，所需要的金属丝也越粗。大多数单独的金属丝花瓣或叶子通常使用26号和28号铁丝。大花茎的花，例如玫瑰，通常使用20号或者22号铁丝制作。由于金属丝不可食用，所以在食用之前需要从蛋糕上取下。

皱边 使用球状的基础工具或防黏棒的尖端制作的，皱边是制作一片有许多小褶皱波浪花瓣边缘的术语。给花瓣皱边，将花瓣放在光滑的不黏泡沫板上轻轻撒上玉米淀粉。用皱边工具和防黏棒宽的一边，从花瓣边缘和花尖碾向中间，然后把它来回滚动，施加一点压力，直到边缘开始皱褶。工具移动到下一部分，重复直到整个边缘看起来褶皱。

墨西哥帽 墨西哥帽子是粘贴在一个糖花后面的宽边帽形件的术语，可以买到带孔的防黏泡沫板，当把糖膏在上面揉搓的时候，可以获得不同大小的墨西哥帽。墨西哥帽的目的是给花一个坚固的中心，附上仿真花枝铁丝可做成长颈形或喇叭形。选择尽可能大的墨西哥帽，以提供最坚固的中心，可以把模具放在塑料板的孔洞上，对比看看哪一个最合适。

花茎板 一片花瓣或叶背面的中间一条凸起的线。它是用来连接单个花瓣或叶子的。用花茎板制作花瓣或叶子，只需要在纹路操作板上擀出翻糖膏。切割花瓣或叶子时，可把模具放在叶脉纹路操作板上进行，并保证底部较厚、顶端较薄。

雄蕊 花的雄蕊是由各种大小、形状和颜色组成的小束丝做成的。它们是不可食用的，必须在吃蛋糕之前取出。它们可在大多数蛋糕装饰商店和翻糖供应商处买到。

蒸 蒸会使糖花和叶子的颜色更加明亮，给它们增添了微妙的光泽，使它们看起来更逼真。这也使得花和叶的颜色更持久。在水壶或小平底锅中放水，用文火煮出蒸汽。把花放在蒸汽上（注意不要烫伤你的手指）约3秒，直到它出现微妙的光泽，然后让它干燥几分钟。不要把花放得离水太近，因为小水滴会弄脏花瓣。

脉纹 使用硅胶纹路工具、脉络垫、脉络压模工具或基础工具。脉络是压出的细腻纹路，可使花瓣或叶子更逼真。给放在泡沫垫上的花瓣或叶片运行脉络工具或脉络棒施加一些压力。如果使用纹路板，按压整片花瓣或树叶可获取纹理效果。这两种方法都可能需要使用捏塑球工具或基础工具来重塑花瓣和叶子的边缘，因为在加工过程中，花瓣和叶子会变得略微扁平。

防黏白油 混入干佩斯使之光滑、柔软，而且只要一点点油脂，工具和设备如擀面杖、塑料板和硅胶纹路工具等便不会黏上糖膏。

致　　谢

制作翻糖花卉是我最喜欢的，也是最具挑战性的工作。我不能对结果感到更兴奋，这一切都要归功于和我一起工作的人共同努力，致敬那些才华横溢、敬业奉献的人们。首先，要感谢本书的出版商，让我有机会把我对糖花的热爱写成书。特别感谢艾莉森·凯西、简·奥谢、丽莎·彭德瑞和海伦·刘易斯。创作这本书是一次奇妙的经历，感谢你们的帮助和支持。

很幸运在佩吉·波尔申团队有一些指路明星：最亲爱的内奥米，没有你的支持，我想我不可能完成这本书，感谢你做的这一切工作。对我工作的跟踪拍摄，记录了书中所使用的每一件工具、每一个制作步骤和每一朵成品花卉。亲爱的奥利维亚，同样也是我的一位伟大的帮助者和支持者，非常感谢！在此感谢辛迪亚在我需要的时候，给予我的帮助，在你回巴西之前，让我们再次合作。

非常感谢佩吉·波尔申的生产团队，感谢你们在忙碌工作同时对我们的帮助，让我们能顺利的完成《手作翻糖花卉技艺》的编制。史蒂芬妮，你一直都很出色，感谢你的辛勤工作、建议和灵感。也感谢你分享我对这本书的看法和热情。

感谢《手作翻糖花卉技艺》让我们一起工作、互相帮助。乔治亚·格林·史密斯，谢谢你最精彩的摄影作品。我知道你像我一样努力地激励自己，让每一张图片有了它们自己的意义。维姬·沙利文，感谢你所设计的美丽造型。海伦·布拉特比，谢谢你设计了这么漂亮的一本书。非常喜欢和你一起愉快的工作。

最后，感谢我的丈夫布林和我们的儿子马克斯，我要给你们大大的拥抱和亲吻。感谢布林在我外出拍摄的时候照顾马克斯，并带他到片场，让他可爱的微笑带给我们快乐。使我们感受到了特别的开心，不仅是我，还有片场的别的女孩。

图书在版编目（CIP）数据

手作翻糖花卉技艺 ／（英）佩姬·波尔申（Peggy Porschen）著；李双琦译 . —北京：中国轻工业出版社，2020.1

ISBN 978–7–5184–2585–3

Ⅰ . ①手… Ⅱ . ①佩… ②李… Ⅲ . ①蛋糕 – 糕点加工 Ⅳ . ① TS213.2

中国版本图书馆 CIP 数据核字 (2019) 第 155238 号

责任编辑：钟 雨　　责任终审：张乃东　　封面设计：奇文云海
版式设计：锋尚设计　　责任校对：晋 洁　　责任监印：张 可

出版发行：中国轻工业出版社（北京东长安街6号，邮编：100740）
印　　刷：北京富诚彩色印刷有限公司
经　　销：各地新华书店
版　　次：2020年1月第1版第1次印刷
开　　本：889×1194　1/16　印张：14
字　　数：200千字
书　　号：ISBN 978-7-5184-2585-3　定价：128.00元
邮购电话：010-65241695
发行电话：010-85119835　传真：85113293
网　　址：http://www.chlip.com.cn
Email：club@chlip.com.cn
如发现图书残缺请与我社邮购联系调换
160808S1X101ZYW